ISW 53

Berichte aus dem Institut für Steuerungstechnik
der Werkzeugmaschinen und Fertigungseinrichtungen
der Universität Stuttgart

Herausgegeben von Prof. Dr.-Ing. G. Stute †

M. KEPPELER

Führungsgrößenerzeugung für numerisch bahngesteuerte Industrieroboter

Springer-Verlag Berlin Heidelberg GmbH 1984

D 93

Mit 63 Abbildungen

ISBN 978-3-540-13774-0   ISBN 978-3-662-07317-9 (eBook)
DOI 10.1007/978-3-662-07317-9

Geleitwort des Herausgebers

Das Institut für Steuerungstechnik der Werkzeugmaschinen und Fertigungseinrichtungen der Universität Stuttgart befaßt sich mit den neuen Entwicklungen der Werkzeugmaschinen und anderen Fertigungseinrichtungen, die insbesondere durch den erhöhten Anteil der Steuerungstechnik an den Gesamtanlagen gekennzeichnet sind. Dabei stehen die numerisch gesteuerten Werkzeugmaschinen in Programmierung, Steuerung, Konstruktion und Arbeitseinsatz sowie die vermehrte Verwendung des Digitalrechners in Konstruktion und Fertigung im Vordergrund des Interesses.

Im Rahmen dieser Buchreihe sollen in zwangloser Folge drei bis fünf Berichte pro Jahr erscheinen, in welchen über einzelne Forschungsarbeiten berichtet wird. Vorzugsweise kommen hierbei Forschungsergebnisse, Dissertationen, Vorlesungsmanuskripte und Seminarausarbeitungen zur Veröffentlichung.

Diese Berichte sollen dem in der Praxis stehenden Ingenieur zur Weiterbildung dienen und helfen, Aufgaben auf diesem Gebiet der Steuerungstechnik zu lösen. Der Studierende kann mit diesen Berichten sein Wissen vertiefen.

Unter dem Gesichtspunkt einer schnellen und kostengünstigen Drucklegung wird auf besondere Ausstattung verzichtet und die Buchreihe im Fotodruck hergestellt.

Der Herausgeber dankt dem Springer-Verlag für Hinweise zur äußeren Gestaltung und Übernahme des Buchvertriebs.

<u>Vorwort</u>

Die vorliegende Arbeit entstand während meiner Tätigkeit als
wissenschaftlicher Mitarbeiter am Institut für Steuerungstechnik der Werkzeugmaschinen und Fertigungseinrichtungen (ISW)
der Universität Stuttgart.

Herrn Prof. Dr.-Ing. G. Stute, dem viel zu früh verstorbenen
Leiter des Instituts, bin ich für seine großzügige Unterstüt-
zung und die wertvollen Anregungen, die zum Entstehen dieser
Arbeit beitrugen, zu besonderem Dank verpflichtet.

Herrn Prof. Dr.-Ing. A. Storr danke ich für seine kritischen
Anmerkungen zu Form und Inhalt der Arbeit und die sich daraus
ergebenen Hinweise.

Mein Dank gilt auch Herrn Prof. Dr.-Ing. H.-J. Warnecke für
die eingehende Durchsicht der Arbeit.

Darüber hinaus möchte ich all denen danken, die durch wert-
volle Diskussionen und anregende Kritik zum Gelingen dieser
Arbeit beigetragen haben, insbesondere den Herren Dr.-Ing.
H. Erne, Dipl.-Ing. G. Gruhler, Dipl.-Ing. W. Ruoff und
Dipl.-Ing. K.-H. Wurst.

Manfred Keppeler

Formelzeichen

a	Intervallgrenze, Konstante (allgemein), Polynomkoeffizient
$\underline{A}$	Matrix
A^*	transformiertes Koordinatensystem
a_f	Führungsbeschleunigung
a_B	Bahnbeschleunigung
b	Intervallgrenze, Konstante (allgemein), Polynomkoeffizient
c	Konstante (allgemein), Polynomkoeffizient
d	Konstante (allgemein), Polynomkoeffizient
$\underline{D}$	Transformationsmatrix
d_{ik}	Abstand des Punktes i zur Geraden g_{ak} bzw. zum Kreis mit der Zählvariablen k
d_p	paralleler Bahnversatz
e	Konstante (allgemein), Polynomkoeffizient
$\underline{e}^*$	Basisvektor des Koordinatensystems A*
f	Konstante (allgemein), Polynomkoeffizient
F	Funktion
F_{kin}	kinematischer Fehler
g	Gerade
G	Funktion
h	Achskoordinate des Handhabungssystems, Stützpunktabstand
$\underline{I}$	Einheitsmatrix
$\underline{J}$	Jacobische Matrix
k	Skalierungsfaktor, Taktzahl, Zählvariable
K_v	Geschwindigkeitsverstärkung
l	Länge
$\underline{l}$	Teilvektor
L	Lineare Funktion
M	Mittelpunkt
$\underline{n}$	Normalenvektor
$\underline{n}^o$	Einheitsvektor
$\underline{p}$	Ortsvektor
P	Punkt
P_f	Fußpunkt

$\underline{q}$ Verschiebevektor

r Radius, Raumkoordinate

$\underline{r}$ Richtungsvektor

$\underline{r}_p$ Ortsvektor

s Weg

s^* fiktiver Weg

$\underline{s}$ Ortsvektor

S Splinefunktion

s_B Beschleunigungsstrecke

Δs Wegzunahme

t Zeit

T Abtastzeit

t_B Beschleunigungszeit

T_S Synchronisationszeitpunkt

u Richtungswinkel des Werkzeugvektors

u_B Bahngeschwindigkeit

u_{prog} programmierte Bahngeschwindigkeit

u_S Sollgeschwindigkeit (Stellgröße)

u_x Vorschubgeschwindigkeit in x-Richtung

u_y Vorschubgeschwindigkeit in y-Richtung

v Richtungswinkel des Werkzeugvektors

v_A Anstellwinkel des Werkzeugvektors an eine Kreisbahn

v_K Winkel zwischen der x-Achse und der Geraden durch den Kreismittelpunkt und einen Kreispunkt bei einem in der x-y-Ebene liegenden Kreis

w Richtungswinkel des Werkzeugvektors

$\underline{w}$ Werkzeugvektor

x allgemeine kartesische Koordinate

Δx Lageregelabweichung

y allgemeine kartesische Koordinate

z allgemeine kartesische Koordinate

α Verdrehwinkel, Hilfsgröße

β Verdrehwinkel, Hilfsgröße

δ Winkelschritt

ε Bahntoleranz

η Hilfsgröße

λ Parameter

μ	Eigenwert, Hilfsgröße
τ	Interpolationsparameter
$\Delta\tau$	Parameteränderung
φ	Drehwinkel
ω	Winkelgeschwindigkeit, Hilfsgröße

Mehrfach benutzte Indizes

a	Anfangs-
e	End-
G	Greifer-
i	Istwert, Zählvariable $i=1,2,\ldots$
k	Zählvariable $k=1,2,\ldots$
M	Mittelpunkt-
m	Parabelscheitelpunkt-
n	Zählvariable $n=1,2,\ldots$
P	Projektion
R	Raum-
Rk	Richtungskosinus
s	Sollwert
T	Transportsystem-
W	Werkstück-
x	in x-Richtung
y	in y-Richtung
z	in z-Richtung

Abkürzungen

B-Achse	Drehachse des Roboters parallel zur y-Koordinate
C-Achse	Drehachse des Roboters parallel zur z-Koordinate
CAD	Computer aided design
CNC	Computerized numerical control
D-Achse	Handachse des Roboters parallel zur x-Koordinate (Rollachse)
2D-	zweidimensional

3D-   dreidimensional
H   Hilfsebene
H-Achse   Handachse des Roboters parallel zur y-Koordinate
           (Nickachse)
HHS   Handhabungssystem
NC   Numerical control
P-Achse   Handachse des Roboters parallel zur z-Koordinate
           (Gierachse)
R-Achse   Radialachse des Roboters im Zylinderkoordinaten-
           system
S   Durchstoßpunkt
WZM   Werkzeugmaschine
Z-Achse   Vertikalachse des Roboters

1 Einführung und Aufgabenstellung

Die industrielle Fertigungstechnik ist durch zunehmende Rationalisierung und Automatisierung bei gleichzeitiger Steigerung der Flexibilität geprägt. Dies und auch Bestrebungen zur Humanisierung der Arbeitswelt führen zu einem verstärkten Einsatz von Industrierobotern im Fertigungsprozeß.

Unter Industrieroboter werden nach / 1 / frei programmierbare Handhabungssysteme (HHS) verstanden. Wurden Roboter zu Beginn ihrer Entwicklung vorwiegend zum Handhaben von Werkstücken, d.h. für das Transportieren und für einfache Montagearbeiten eingesetzt, so führen sie heute in zunehmendem Maße Bearbeitungsaufgaben,wie z.B. Schweißen, Beschichten oder Schleifen, aus. Mit der Erweiterung des Aufgabenbereichs erhöhten sich auch die Anforderungen an die Sensorik / 2 / und vor allem an die Steuerung der Handhabungssysteme.

Während beim Handhaben von Werkstücken in den meisten Fällen Punktsteuerungen genügen, erfordern Bearbeitungsaufgaben meist beliebige zwei- oder dreidimensionale Bewegungsbahnen und deshalb den Einsatz von Bahnsteuerungen. Dabei besteht im allgemeinen die Forderung, daß neben der Führung des Werkzeugeingriffspunktes auch die Orientierung des Werkzeugs zur Werkstückoberfläche vorgegeben werden muß.

Abweichungen vom gewünschten Bahnverlauf des Werkzeugs resultieren sowohl aus dem dynamischen Verhalten des mechanischen Systems als auch aus der Art der Führungsgrößenvorgabe durch die Steuerung. Dynamische Bahnfehler entstehen u.a. dadurch, daß einerseits sehr hohe Arbeitsgeschwindigkeiten gefordert sind, andererseits aus Kostengründen die mechanischen Übertragungsglieder nicht so steif ausgeführt werden können wie an Werkzeugmaschinen. Durch Anwendung geeigneter Regelstrategien läßt sich jedoch das dynamische Verhalten von HHS verbessern und damit auch der dynamische Bahnfehler reduzieren / 3 /.

Steuerungstechnisch bedingte Abweichungen ergeben sich aufgrund der Ungenauigkeit in der Nachbildung der gewünschten Bewegungsbahn durch die numerische Steuerung. Dabei können die bekannten Verfahren zur Lagesollwertbildung / 4 / nicht ohne weiteres auf Roboterbahnsteuerungen übertragen werden. Die bisher in bahngesteuerten Werkzeugmaschinen (WZM) angewandten Verfahren zur Führungsgrößenerzeugung führen bei Industrierobotern durch die Oberlagerung der Bewegung translatorischer und rotatorischer Achsen zu sogenannten kinematischen oder Linearisierungsfehlern / 5 /.

Ziel der vorliegenden Arbeit ist es, neue Möglichkeiten der Führungsgrößenerzeugung für Handhabungssysteme zu untersuchen und Lösungswege zu erarbeiten, mit deren Hilfe sich eine definierte Zuordnung eines vom Roboter geführten Werkzeugs zum Werkstück bei hoher Bahntreue erreichen läßt.

Bei bisher ausgeführten Lösungen zur Steuerung von Industrierobotern stellt der Funktionsblock Führungsgrößenerzeugung eine komplexe Einheit dar / 14,35 /, deren Obertragung auf unterschiedliche Handhabungssysteme einen hohen Anpaßaufwand erfordert. Deshalb wird in dieser Arbeit ein modulares Lösungskonzept aufgezeigt, das sich durch einfache Schnittstellen auf die Steuerungen verschiedenartiger HHS übertragen läßt. Aufgrund dieser Oberlegungen werden folgende Teilaufgaben dieser Arbeit formuliert:

a.) Beschreibung der Bahnbewegung des Werkzeugs in einem von der Achskonfiguration des HHS unabhängigen raumfesten oder werkstückbezogenen Koordinatensystem. Dabei soll auf den bekannten Verfahren zur Lagesollwertbildung in numerischen Steuerungen für WZM aufgebaut werden.

b.) Ermittlung der Lagesollwerte für die einzelnen Roboterantriebe durch Anpassung an die unterschiedlichen HHS-Konfigurationen über eine Koordinatentransformation, basierend auf übertragbaren Grundbausteinen. Untersuchung von nume-

rischen Methoden zur Lösung der Transformationsalgorithmen. Bewertung der Verfahren unter Berücksichtigung der
Realisierbarkeit in einem Steuerungsrechner.

An die Führungsgrößenerzeugung werden einerseits durch die
Dynamik der Lageregelkreise sehr hohe zeitliche Anforderungen
gestellt, die eine Ausführungszeit der numerischen Rechenverfahren nur im Millisekundenbereich zulassen. Andererseits müssen die Anforderungen, die aus der für die Bearbeitungsaufgabe
notwendigen Bahngenauigkeit resultieren, erfüllt werden. Dies
bedeutet, daß die erarbeiteten Lösungen hinsichtlich Rechengenauigkeit und Rechenzeit bewertet werden müssen.

2 Beschreibung von Bewegungsabläufen in raumfesten oder werkstückbezogenen kartesischen Koordinatensystemen.

Beim Einsatz von Industrierobotern für Bearbeitungsaufgaben
sind Bahnen im Raum zu fahren, die sich mathematisch oft nur
sehr aufwendig beschreiben lassen / 7 /. Bei der Verarbeitung
der geometrischen Daten in der numerischen Steuerung müssen
aus wenigen, die Bahn ausreichend kennzeichnenden Stützpunkten die Zwischenpunkte durch Interpolation erzeugt werden,
denen nach entsprechender Koordinatentransformation die einzelnen Lageregelkreise nachgeführt werden / 8 / (Bild 2.1).

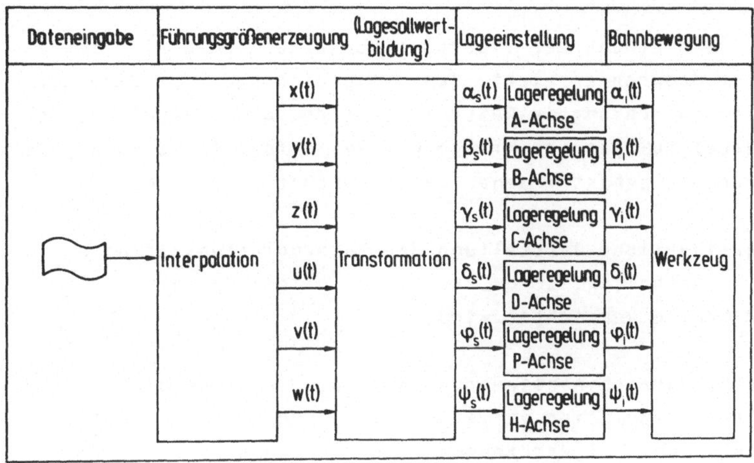

Bild 2.1 : Signalflußplan in der Roboterbahnsteuerung zur Erzeugung der Bahnbewegung des Werkzeugs.

Unter Interpolation im Sinne der Steuerungstechnik versteht
man die Berechnung von Bahnzwischenpunkten nach einer festlie-
genden Rechenregel. Diese wird durch Angabe der Interpolationsart bestimmt.

Bei einer numerischen Steuerung für Werkzeugmaschinen mit integriertem Prozeßrechner (CNC) wird in erster Linie das Interpolationsverfahren der direkten Funktionsberechnung verwendet. Darunter wird die Berechnung der in Parameterform vorliegenden Gleichungen der Raumkurve verstanden / 9,10 /. Dabei wird vorwiegend in festem Zeitraster interpoliert / 4 /.

Aufgrund der Leistungsfähigkeit der Prozessoren wurde die mehrstufige Interpolation / 4 / nach und nach durch die einstufige Interpolation ersetzt. Bei dieser werden im Interpolator aus den vorgegebenen Steuerdaten die Lageführungsgrößen direkt erzeugt.

Eine Vereinfachung der Interpolationsalgorithmen wird im allgemeinen dadurch erreicht, daß die Gleichungen zur direkten Funktionsberechnung in Rekursionsgleichungen übergeführt werden. Dabei muß jedoch infolge der Fehlerfortpflanzung die Berechnung mit erhöhter Genauigkeit durchgeführt werden.

Eine ausführliche Darstellung der Interpolationsverfahren ist in / 4 / enthalten, so daß auf eine weitere Beschreibung an dieser Stelle verzichtet wird.

Bei Werkzeugmaschinensteuerungen werden vorwiegend Linear- und Zirkularinterpolation verwendet, vereinzelt auch parabolische Interpolation. Bei Werkzeugmaschinen mit mehr als drei Achsen, bei denen auch rotatorische Achsen an der Bahnerzeugung beteiligt sind, besteht bei der Interpolation im Achskoordinatensystem kein direkter Zusammenhang zwischen der Interpolationsart und der Bahnform. Deshalb können die bei Werkzeugmaschinensteuerungen bekannten Interpolationsverfahren nicht ohne weiteres auf Roboterbahnsteuerungen übertragen werden. Darauf wird im ersten Teil dieses Abschnitts eingegangen.

Häufig sind mit Industrierobotern aber auch Bewegunsabläufe auszuführen, bei denen die Notwendigkeit besteht, z.B. ein Werkzeug auf stetigen Bahnen ohne Knicke und Absätze zu führen. Solche Anforderungen, die sich vorwiegend aus ästhetischen Gesichtspunkten ergeben, treten vor allem in der Automobilindustrie im Karosseriebereich auf. Die Führungsgrößenerzeugung in der Steuerung muß dabei mit Interpolationspolynomen höherer Ordnung realisiert werden, die bei WZM-Steuerungen bisher noch nicht üblich sind. Eine Lösung dazu wird im zweiten Teil dieses Abschnitts vorgestellt.

2.1 Definition der Werkzeugorientierung

Bei Bearbeitungs- und Montageaufgaben genügt im allgemeinen die Positionierung von Werkzeug bzw. Werkstück nicht. Vielmehr ist in diesen Fällen zusätzlich eine definierte Orientierung zwingend.

Um mit einem Industrieroboter die Lage und die Orientierung eines beliebigen starren Körpers im Raum verändern zu können, sind sechs voneinander unabhängige Freiheitsgrade erforderlich. Drei Freiheitsgrade sind notwendig, um die Position eines Körperpunktes festzulegen, drei weitere Freiheitsgrade bestimmen die Orientierung des Körpers im Raum. Handelt es sich um einen rotationssymmetrischen Körper, werden lediglich zwei Freiheitsgrade zur Orientierung benötigt.

Bei vielen Bearbeitungsaufgaben kommt ein rotationssymmetrisches Werkzeug zum Einsatz (z.B. Fräser, Schweißelektrode). Hier kann das Werkzeug durch einen Richtungsvektor (Werkzeugvektor) beschrieben werden. Die folgenden Ausführungen beziehen sich deshalb auf die Bewegung eines derartigen Werkzeugvektors. Dies stellt jedoch keine Einschränkung dar, da die Algorithmen ohne großen Aufwand auf die Bewegung eines beliebigen Körpers übertragbar sind.

Anforderungen an die Darstellung der Orientierung bestehen seitens der Art der Beschreibung der Arbeitsaufgabe. Bei der Eingabe des Bewegungsprogramms auf Grundlage einer Fertigungszeichnung ist eine eindeutige Definition der Werkzeugorientierung notwendig. Bei der Eingabe des Bewegungsablaufs unmittelbar am Arbeitsplatz (Einrichten) tritt zusätzlich die Forderung auf, daß eine Orientierungsänderung für den Bediener einfach nachvollziehbar ist.

Die Orientierung eines Werkzeugvektors wird über zwei Richtungswinkel festgelegt. Sehr anschaulich ist die Bestimmung der Werkzeugorientierung über die Angabe der Projektionswinkel in den Hauptebenen (Bild 2.2). Diese Winkeldefinition eignet sich besonders für die Programmierung nach der Werkstückzeichnung. Ebenso können bei der rechnergestützten Konstruktion (CAD) die Werkstückkoordinaten (Ortskoordinaten und Richtungswinkel) direkt als Eingabedaten für die numerische Steuerung verwendet werden.

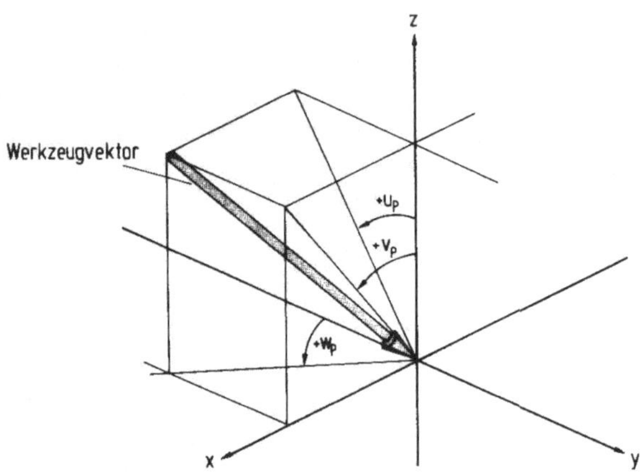

Bild 2.2 : Definition der Werkzeugvektororientierung über die
            Angabe der Projektionswinkel.

Bei der Projektion des Werkzeugvektors auf die Hauptebenen
(y-z, x-z, x-y) ergeben sich die drei Projektionswinkel u_p, v_p
und w_p, die jeweils in einem Rechtssystem definiert sind. Da-

bei ist ein Winkelpaar zur eindeutigen Bestimmung der Werkzeugrichtung notwendig, der dritte Winkel ergibt sich in Abhängigkeit. Nachteilig bei dieser Definition der Werkzeugorientierung
ist, daß bei einer stetigen Änderung der Werkzeugrichtung sin-
guläre Stellen auftreten, an denen ein Projektionswinkel nicht
definiert ist und Sprünge in dessen Funktionsverlauf resultieren. Ein Beispiel dafür ist in __Bild 2.3__ dargestellt.
Verändert sich die Werkzeugorientierung in einer Ebene, die
orthogonal zur x-y-Ebene ist, so springt der Winkel w_p um π,
sobald der Werkzeugvektor parallel zur z-Achse ist. An dieser
Stelle ist die Projektion des Vektors auf die x-y-Ebene ein
Punkt, d.h. der Winkel w_p ist undefiniert.

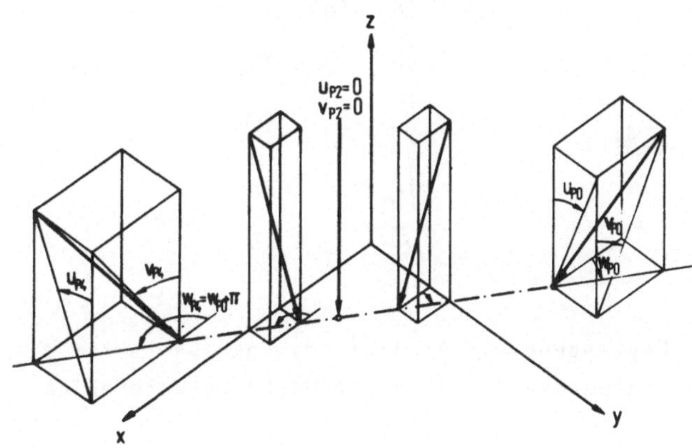

__Bild 2.3 :__   Unstetigkeit im Funktionsverlauf des Projektionswinkels w_p bei stetiger Änderung der Werkzeugorientierung.

Eine Lösung dieses Problems ist nur dadurch möglich, daß innerhalb des Arbeitsbereichs jeweils die Winkelkombination zur
Definition der Werkzeugorientierung herangezogen wird, bei der
die Projektionswinkel eindeutig definierbar sind (__Bild 2.4__).

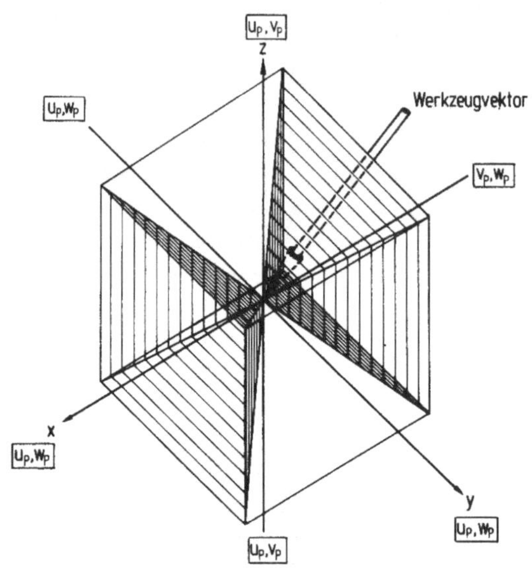

Bild 2.4 : Festlegung der Projektionswinkelpaare für die verschiedenen Bereiche der Werkzeugvektororientierung.

Eine in jedem Fall eindeutige Definition der Werkzeugrichtung
wird durch die Angabe der Richtungskosinus erzielt. Dabei ist
zur eindeutigen Bestimmung der Vektorrichtung die Angabe zwei-
er Richtungskosinus nicht ausreichend (Bild 2.5). Diese Definition der Werkzeugorientierung erfordert jedoch vom Programmierer ein hohes Maß an räumlichem Vorstellungsvermögen.

Eine andere Darstellungsweise ist die Definition der Werk-
zeugvektorrichtung über die Winkel von Polarkoordinaten
(Bild 2.6). Dabei ist der Winkel u als Richtungskosinus, der
Winkel v als Projektionswinkel dargestellt. Bei dieser Defi-

nition ist eine gewisse Anschaulichkeit noch vorhanden, eine
Singularität des Projektionswinkels v tritt nur an einer
Stelle auf (Werkzeugvektor ist parallel zur z-Achse). Aus
diesem Grund wird für die folgenden Ausführungen diese Darstellung gewählt.

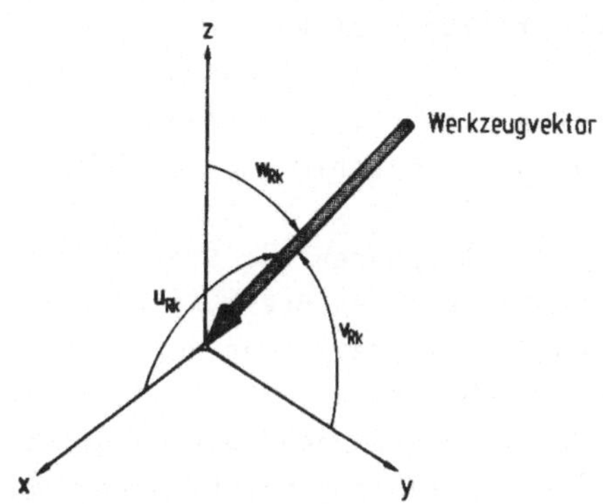

<u>Bild 2.5 :</u> Definition der Werkzeugvektorrichtung über die
Richtungskosinus.

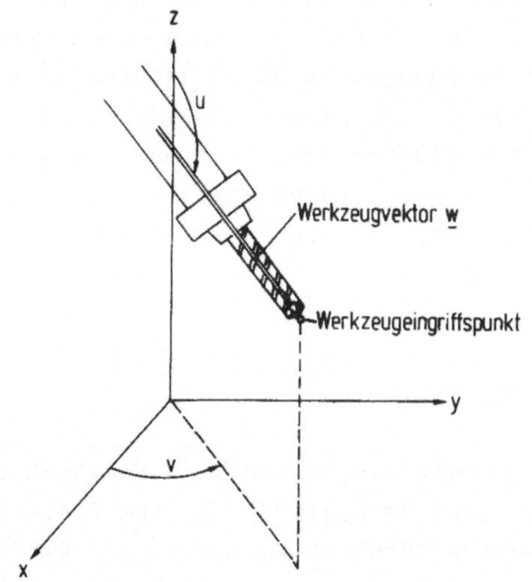

<u>Bild 2.6 :</u> Definition der Werkzeugvektorrichtung über die
Winkel von Polarkoordinaten.

2.2 Interpolation

Die Führungsgrößenerzeugung von Industrierobotern erfordert
die dreidimensionale Interpolation (3-D-Interpolation) mit zusätzlicher Einbeziehung der Werkzeugorientierung. Diese Art
der Bewegungsdarstellung ist bei Werkzeugmaschinensteuerungen
bisher nicht üblich. Bei der Steuerung von Fünfachsenmaschinen
sind nur Verfahren bekannt, bei denen die Interpolation direkt
in den Koordinaten der Maschinenachsen stattfindet / 5 /.

In anderen Veröffentlichungen zur Steuerung von Industrierobotern / 14 / wird die Bahnbeschreibung des Werkzeugs nur unter
Berücksichtigung des kinematischen Aufbaus des Roboters ermöglicht. Bei der Interpolation wird der mathematische Zusammenhang zwischen der zu erzeugenden Werkzeugbahn und dem Lagesollwertverlauf der einzelnen Roboterachsen mitverarbeitet.

Ziel der vorliegenden Arbeit ist es deshalb, eine klare
Schnittstelle zwischen der Bahnbewegung eines Werkzeugs und
der mathematischen Anpassung an die Achskonfiguration des Ro-
boters herbeizuführen. In den folgenden Abschnitten wird die
Beschreibung der Bewegungsbahn durch Interpolation dargestellt.
Dazu sollen die bei Werkzeugmaschinensteuerungen bekannten
Verfahren zur Interpolation auf die Steuerung von Industriero-
botern erweitert und dabei unabhängig von der Bahnbewegung des
Werkzeugeingriffspunktes die Orientierungsänderung des Werk-
zeugs verarbeitet werden.

2.2.1 Linearinterpolation

Bei der Linearinterpolation soll die Werkzeugvektorspitze auf
einer geraden Bahn vom Anfangspunkt P_a zum Zielpunkt P_e mit
konstanter Bahngeschwindigkeit u_B bewegt und simultan die An-
fangsorientierung des Vektors $\underline{w}_a$ in P_a in die Zielorientierung
$\underline{w}_e$ in P_e übergeführt werden (Bild 2.7).

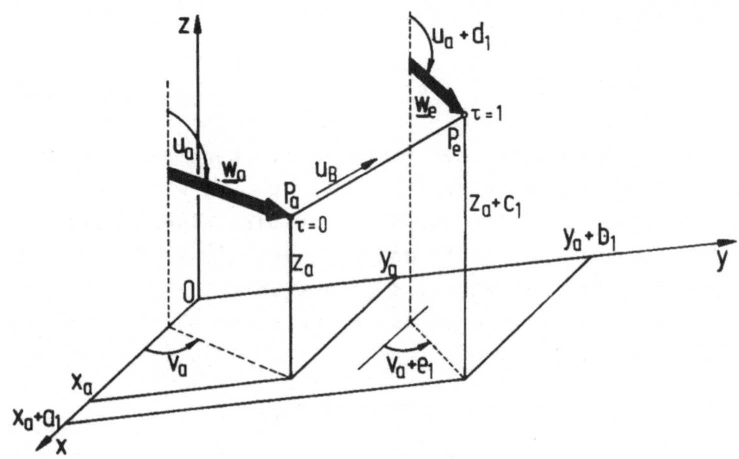

<u>Bild 2.7</u> : Linearinterpolation zwischen Werkzeugvektoren im
kartesischen Koordinatensystem / 11 /.

Bezieht man sich bei der Bewegung auf ein kartesisches Koordinatensystem, so gilt

$$
\left.
\begin{aligned}
x &= x_a + a_1 \cdot \tau \\
y &= y_a + b_1 \cdot \tau \\
z &= z_a + c_1 \cdot \tau \\
u &= u_a + d_1 \cdot \tau \\
v &= v_a + e_1 \cdot \tau
\end{aligned}
\right\}
\qquad 0 \leq \tau \leq 1 \qquad\qquad (2.1)
$$

Wobei der Startvektor definiert ist zu $\underline{w}_a = (x_a, y_a, z_a, u_a, v_a)$.
Die Koordinaten des Zielvektors sind $\underline{w}_e = (x_a + a_1, y_a + b_1, z_a + c_1, u_a + d_1, v_a + e_1)$.

Wird der Parameter τ in jeweils gleichen Abständen T um jeweils dasselbe Inkrement $\Delta\tau$ erhöht, so resultiert im kartesischen Arbeitsraum eine konstante Bahngeschwindigkeit u_B. Die
Größe des Inkrements $\Delta\tau$ ist proportional zur programmierten

Bahngeschwindigkeit u_{prog} und umgekehrt proportional zum räumlichen Verfahrweg s:

$$s = \sqrt{a_1^2 + b_1^2 + c_1^2} \qquad (2.2)$$

Soll jedoch die Position der Vektorspitze konstant gehalten und nur die Orientierung verändert werden, so wird der räumliche Verfahrweg zu Null und die Definition einer Bahngeschwindigkeit ist nicht mehr möglich. Deshalb wird anstelle von s ein fiktiver Verfahrweg s* eingeführt, der zusätzlich Wegkomponenten enthält, die aus der Orientierungsänderung resultieren. Es ist

$$s^* = \sqrt{a_1^2 + b_1^2 + c_1^2 + 1_u^2 + 1_v^2} \qquad (2.3)$$

mit $1_u = d_1 \cdot r_u$ und $1_v = e_1 \cdot r_v$,
wobei r_u und r_v Normierungsradien sind. Somit wird der Parameter

$$\tau = \frac{u_{prog}}{s^*} \cdot t \quad \text{bzw.} \quad \Delta\tau = \frac{u_{prog}}{s^*} \cdot T \qquad (2.4)$$

mit T als Interpolationstakt.

Die Interpolationszwischenpunkte berechnen sich nach der Rekursionsformel

$$\left. \begin{aligned}
x_{n+1} &= x_n + a_1 \cdot \Delta\tau \\
y_{n+1} &= y_n + b_1 \cdot \Delta\tau \\
z_{n+1} &= z_n + c_1 \cdot \Delta\tau \\
u_{n+1} &= u_n + d_1 \cdot \Delta\tau \\
v_{n+1} &= v_n + e_1 \cdot \Delta\tau
\end{aligned} \right\} \qquad (2.5)$$

Durch die Einführung des fiktiven Verfahrweges s* verkleinert sich die tatsächliche Bahngeschwindigkeit u_B gegenüber der programmierten Geschwindigkeit u_{prog}, sobald für einen Bewegungsabschnitt eine Orientierungsänderung mitberücksichtigt werden muß. Die Abweichung der tatsächlichen von der programmierten Bahngeschwindigkeit kann durch die Wahl der Normierungsradien beeinflußt werden. Große Normierungsradien bewirken eine starke Abhängigkeit der tatsächlichen Bahngeschwindigkeit von der Orientierungsänderung, während kleine Normierungsradien bei geringen räumlichen Verfahrwegen zu einer großen Änderungsgeschwindigkeit der Orientierung führen, die aber von der maximalen Geschwindigkeit der Antriebe begrenzt ist. Hier muß in Abstimmung mit dem für die Bearbeitungsaufgabe erforderlichen Bewegungsspektrum bei der Inbetriebnahme der Steuerung ein vernünftiger Kompromiß gefunden werden (Maschinenparameter).

2.2.2 Fahren von Kreisbahnen als Sonderfall der Linearinterpolation

Ein Sonderfall der in Kap 2.2.1 dargestellten Linearinterpolation zwischen Werkzeugvektoren ist, wie bereits erwähnt, daß die Ortskoordinaten des Werkzeugeingriffspunktes konstant bleiben und lediglich die Werkzeugorientierung verändert wird / 12 /. Betrachtet man diese Bewegung in einer Ebene, so wird deutlich, daß ein Punkt auf dem Werkzeugvektor, der nicht mit dem Werkzeugeingriffspunkt zusammenfällt, eine Kreisbahn beschreibt (Bild 2.8).

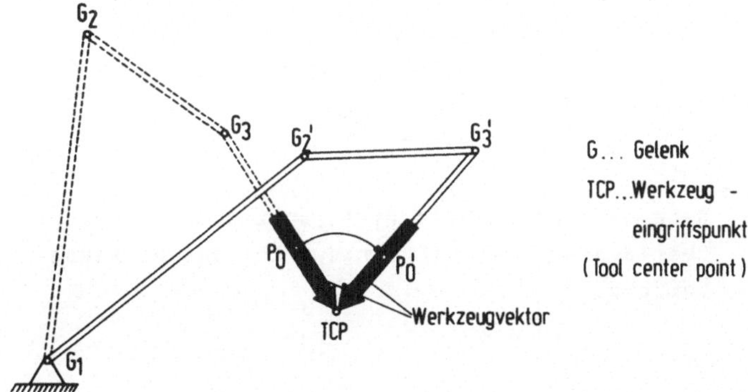

Bild 2.8 : Änderung der Werkzeugorientierung / 12 /.

Es erscheint nun naheliegend, diese Gegebenheit auszunutzen,
um mit den Algorithmen der Linearinterpolation die Beschreibung von Kreisbahnen zu ermöglichen. Dazu wird die Werkzeuglänge um einen fiktiven Wert, nämlich den Radius des abzufah-
renden Kreises, verlängert. Der fiktive Werkzeugeingriffspunkt
liegt im Kreismittelpunkt, der tatsächliche Werkzeugeingriffspunkt bewegt sich auf einer Kreisbahn. Dies bedeutet, daß die
Werkzeugorientierung stets auf den Kreismittelpunkt gerichtet
ist. Die fiktive Verschiebung des Werkzeugeingriffspunktes
läßt sich sehr einfach durch eine Veränderung des Längenpara-
meters im Transformationsprogramm realisieren (siehe Kap. 4.1).
Um die Kreisbahn mit der programmierten Bahngeschwindigkeit zu
fahren, ist es notwendig, mit der fiktiven Verlängerung des
Werkzeugvektors auch die Normierungsradien aus Gl.(2.3) zu
verändern.

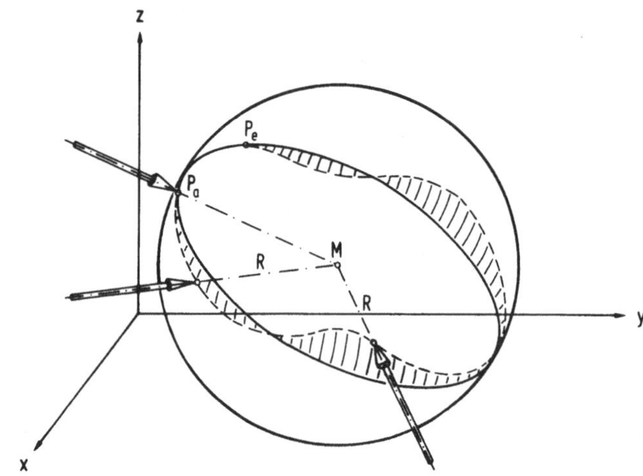

Bild: 2.9 : Bahn des Werkzeugeingriffspunktes bei linearer
             Überlagerung der Richtungswinkel des Werkzeug-
             vektors.

Die Beschreibung einer Kreisbahn nach diesem Verfahren ist jedoch nur dann möglich, wenn die Änderung der Werkzeugorientierung über die Veränderung nur eines Richtungswinkels erfolgt.

Werden die Änderungen beider Richtungswinkel überlagert, so entsteht keine Kreisbahn im Raum. Vielmehr beschreibt der Werkzeugeingriffspunkt auf einer Kugeloberfläche eine Bahn, die nicht in einer Schnittebene durch den Kugelmittelpunkt liegt (<u>Bild 2.9</u>). Daraus wird ersichtlich, daß diese Art der Kreisbeschreibung eine Einschränkung der räumlichen Lage der zu durchfahrenden Kreisbahnen bedingt. Darüber hinausgehende Anforderungen können durch ein Verfahren zur Kreisinterpolation erfüllt werden, das im folgenden beschrieben ist.

2.2.3 Zirkularinterpolation

Zur Bahnsteuerung von WZM mit zwei- bis dreidimensionaler Interpolation (2D- bis 3D-Steuerungen) werden in / 4 / verschiedene Verfahren zur Kreisinterpolation unter dem Kriterium der Genauigkeit und der Berechnungszeit untersucht. Als Ergebnis dieser Untersuchungen wird zur Zirkularinterpolation durch Rechnerprogramme ein Rekursionsverfahren zweiter Ordnung empfohlen. Aufbauend auf diesem Verfahren wird nun ein Interpolationsverfahren für Industrieroboter zur Bewegung eines Werkzeugvektors auf Kreisbahnen vorgestellt.

Kennzeichnend für die Kreisinterpolation in Werkzeugmaschinensteuerungen ist, daß die Bewegung stets in einer Hauptebene stattfindet (x-y-, x-z- oder y-z-Ebene). Für Industrieroboter darf diese Einschränkung in der Regel nicht gelten, da hier, speziell bei Bearbeitungsaufgaben, auch beliebig im Raum liegende Kreisbahnen gefahren werden müssen. Weiterhin muß neben der Bewegung des Werkzeugeingriffspunktes auch die Richtung des Werkzeugs zur Kreisbahn gesteuert werden.

Das Problem der Kreisinterpolation im Raum läßt sich jedoch auf die in / 4 / beschriebene Kreisinterpolation in den Haupt-

ebenen zurückführen. Mit Hilfe dreier beliebig im Raum liegen
der Kreispunkte $P_a(x_a,y_a,z_a)$, $P_b(x_b,y_b,z_b)$ und $P_c(x_c,y_c,z_c)$
wird ein neues kartesisches Koordinatensystem $A^*(x^*,y^*,z^*)$
derart definiert, daß die drei vorgegebenen Raumpunkte in der
x^*-y^*-Hauptebene liegen (Bild 2.10).

Der Ursprung des Koordinatensystems A^* liegt in P_a, die Basis
vektoren sind definiert zu

$$\begin{pmatrix} \underline{e}_1^* \\ \underline{e}_2^* \\ \underline{e}_3^* \end{pmatrix} = \begin{pmatrix} \underline{r}_1 \\ (\underline{r}_1 \times \underline{r}_2) \times \underline{r}_1 \\ (\underline{r}_1 \times \underline{r}_2) \end{pmatrix} \tag{2.6}$$

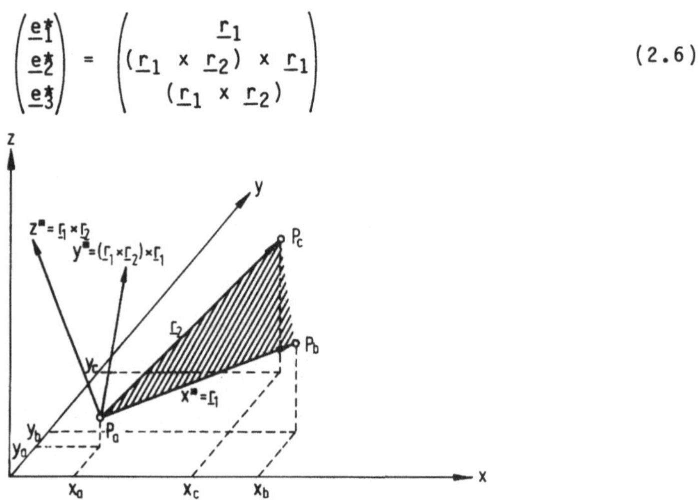

Bild 2.10 : Ermittlung des Koordinatensystems A^*

Die Vektoren $\underline{r}_1$ und $\underline{r}_2$ werden ermittelt zu

$$\underline{r}_1 = \frac{(x_b - x_a)\cdot\underline{x} + (y_b - y_a)\cdot\underline{y} + (z_b - z_a)\cdot\underline{z}}{\sqrt{(x_b - x_a)^2 + (y_b - y_a)^2 + (z_b - z_a)^2}}$$

$$\underline{r}_2 = \frac{(x_c - x_a)\cdot\underline{x} + (y_c - y_a)\cdot\underline{y} + (z_c - z_a)\cdot\underline{z}}{\sqrt{(x_c - x_a)^2 + (y_c - y_a)^2 + (z_c - z_a)^2}} \tag{2.7}$$

bzw.
$$\underline{r}_1 = a_1 \cdot \underline{x} + a_2 \cdot \underline{y} + a_3 \cdot \underline{z}$$
$$\underline{r}_2 = b_1 \cdot \underline{x} + b_2 \cdot \underline{y} + b_3 \cdot \underline{z} \tag{2.8}$$

wobei die Koeffizienten a_i und b_i durch Koeffizientenvergleich aus Gl.(2.7) ermittelt werden. Die normierten Basisvektoren $\underline{e}_2^*$ und $\underline{e}_3^*$ berechnen sich zu

$$\underline{e}_3^* = \underline{r}_1 \times \underline{r}_2 = d_1 \cdot \underline{x} + d_2 \cdot \underline{y} + d_3 \cdot \underline{z}$$

mit
$$d_1 = \frac{d_1'}{\sqrt{d_1'^2 + d_2'^2 + d_3'^2}}$$

$$d_2 = \frac{d_2'}{\sqrt{d_1'^2 + d_2'^2 + d_3'^2}} \tag{2.9}$$

$$d_3 = \frac{d_3'}{\sqrt{d_1'^2 + d_2'^2 + d_3'^2}}$$

dabei ist
$$d_1' = a_2 \cdot b_3 - a_3 \cdot b_2$$
$$d_2' = a_3 \cdot b_1 - a_1 \cdot b_3 \tag{2.10}$$
$$d_3' = a_1 \cdot b_2 - a_2 \cdot b_1$$

und
$$\underline{e}_2^* = (\underline{r}_1 \times \underline{r}_2) \times \underline{r}_1 = c_1 \cdot \underline{x} + c_2 \cdot \underline{y} + c_3 \cdot \underline{z}$$

mit
$$c_1 = \frac{c_1'}{\sqrt{c_1'^2 + c_2'^2 + c_3'^2}}$$

$$c_2 = \frac{c_2'}{\sqrt{c_1'^2 + c_2'^2 + c_3'^2}} \tag{2.11}$$

$$c_3 = \frac{c_3'}{\sqrt{c_1'^2 + c_2'^2 + c_3'^2}}$$

dabei ist
$$c_1' = d_2 \cdot a_3 - d_3 \cdot a_2$$
$$c_2' = d_3 \cdot a_1 - d_1 \cdot a_3 \tag{2.12}$$
$$c_3' = d_1 \cdot a_2 - d_2 \cdot a_1$$

Die Transformation der raumfesten kartesischen Koordinaten i
das Koordinatensystem A* wird mit Hilfe der Transformationsm
trix $\underline{D}$ dargestellt zu

$$\begin{pmatrix} x^* \\ y^* \\ z^* \end{pmatrix} = \underline{D} \cdot \begin{pmatrix} x \\ y \\ z \end{pmatrix} \tag{2.13}$$

wobei die Transformationsmatrix $\underline{D}$ definiert ist zu

$$\underline{D} = \begin{pmatrix} a_1 & a_2 & a_3 \\ c_1 & c_2 & c_3 \\ d_1 & d_2 & d_3 \end{pmatrix} \tag{2.14}$$

Die numerische Steuerung von Werkzeugmaschinen benötigt als
Eingabeinformation für die Zirkularinterpolation die Angabe
des Anfangs- und Endpunktes des Kreisabschnittes und als
Hilfspunkt den Kreismittelpunkt / 13 /. Beim Einsatz von Ind
strierobotern für Bearbeitungsaufgaben liegt jedoch in den w
nigsten Fällen die Beschreibung des Bewegungsablaufs in Form
einer Fertigungszeichnung vor. Vielmehr wird dieser durch di
Programmierung von Stützpunkten über Teach-in (siehe Kap. 5)
festgelegt, wobei die Angabe eines Kreismittelpunktes in der
Regel nicht möglich ist. Deshalb wird im vorliegenden Verfah
ren die Kreisbestimmung durch die Vorgabe dreier Kreispunkte
durchgeführt, aus denen sich die Steuerung den Kreismittelpunkt und den Kreisradius berechnet zu

$$x_M^* = \frac{(x_a^{*2}-x_b^{*2}+y_a^{*2}-y_b^{*2})\cdot(y_c^*-y_b^*)-(x_c^{*2}-x_b^{*2}+y_c^{*2}-y_b^{*2})\cdot(y_a^*-y_b^*)}{2\cdot\left\{(x_a^*-x_b^*)\cdot(y_c^*-y_b^*)-(x_c^*-x_b^*)\cdot(y_a^*-y_b^*)\right\}}$$

$$y_M^* = \frac{(x_a^{*2}-x_b^{*2}+y_a^{*2}-y_b^{*2})\cdot(x_c^*-x_b^*)-(x_c^{*2}-x_b^{*2}+y_c^{*2}-y_b^{*2})\cdot(x_a^*-x_b^*)}{-2\cdot\left\{(x_a^*-x_b^*)\cdot(y_c^*-y_b^*)-(x_c^*-x_b^*)\cdot(y_a^*-y_b^*)\right\}} \tag{2.15}$$

$$r = \sqrt{(x_a^* - x_M^*)^2 + (y_a^* - y_M^*)^2}$$

Dabei gilt nach <u>Bild 2.11</u> : $x_a^* = y_a^* = y_b^* = 0$

Als Randbedingung für die Berechnung des Kreismittelpunkts
nach dieser Formel gilt, daß die Ortskoordinaten der Punkte
P_a, P_b und P_c nicht identisch sein dürfen (Nenner = 0). Aus
diesem Grund muß beim Durchfahren eines Vollkreises dieser aus
wenigstens zwei Kreisabschnitten zusammengesetzt werden. Nur
so kann auch die Ebene definiert werden, in der der Kreis liegen soll.

Die Drehrichtung wird durch die Reihenfolge der programmierten
Kreispunkte bestimmt. Damit entfallen die bei Werkzeugmaschinensteuerungen erforderlichen Angaben CW (clockwise) bzw. CCW
(counter-clockwise) zur Festlegung des Drehsinns.

Mit den Definitionen nach Gl.(2.15) läßt sich die Kreisbahn
mit dem in Bild 2.11 dargestellten Rekursionsverfahren beschreiben.

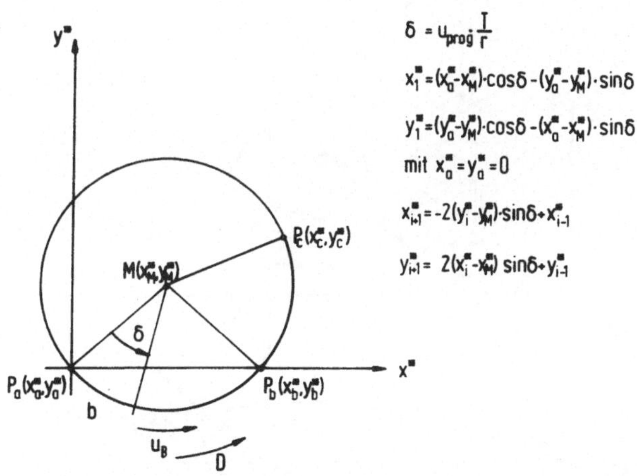

$$\delta = u_{prog} \cdot \frac{l}{r}$$

$$x_1'' = (x_a'' - x_M'') \cdot \cos\delta - (y_a'' - y_M'') \cdot \sin\delta$$

$$y_1'' = (y_a'' - y_M'') \cdot \cos\delta - (x_a'' - x_M'') \cdot \sin\delta$$

$$\text{mit } x_a'' = y_a'' = 0$$

$$x_{i+1}'' = -2(y_i'' - y_M'') \cdot \sin\delta + x_{i-1}''$$

$$y_{i+1}'' = 2(x_i'' - x_M'') \cdot \sin\delta + y_{i-1}''$$

<u>Bild 2.11</u> : Kreisinterpolation mit einem Rekursionsverfahren
zweiter Ordnung.

Wird davon ausgegangen, daß die Orientierung des Werkzeugvektors bezüglich der Kreisbahn konstant bleiben soll, so ergeben sich folgende Bedingungen :

$$u^* = \text{konstant}$$
$$v_A^* = \text{konstant},$$

wobei sich v_A^* aus der Zerlegung des Raumwinkels v^* in den den Anstellwinkel v_A^* und den Winkel v_K^* zwischen der x^*-Achse und der Geraden MP ergibt (<u>Bild 2.12</u>).

$$v^* = v_K^* + v_A^* \tag{2.16}$$

Der Winkel $v_{K_a}^*$ am Startpunkt P_a ist

$$v_{K_a}^* = \arctan \left| \frac{y_a^* - y_M^*}{x_a^* - x_M^*} \right| \tag{2.17}$$

Damit wird der Anstellwinkel am Startpunkt berechnet zu

$$v_A^* = v_a^* - v_{K_a}^* \tag{2.18}$$

Der Anstellwinkel v_A^* bleibt über dem Kreissegment konstant; der Winkel v_K^* berechnet sich zu

$$v_{K(n+1)}^* = v_{K(n)}^* + \delta \tag{2.19}$$

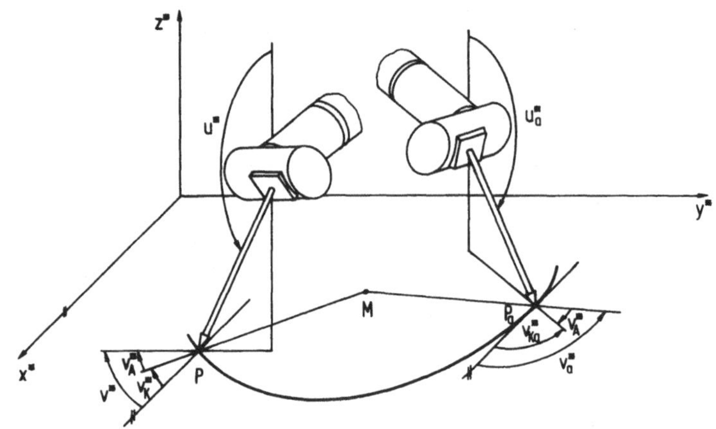

<u>Bild 2.12 :</u> Definition der Werkzeugorientierung bei der Kreisinterpolation.

Somit wird die Kreisinterpolation von Werkzeugvektoren über
folgende Rekursionsgleichungen durchgeführt

$$x_1^* = (x_a^* - x_M^*)\cdot\cos\delta - (y_a^* - y_M^*)\cdot\sin\delta$$
$$y_1^* = (y_a^* - y_M^*)\cdot\cos\delta - (x_a^* - x_M^*)\cdot\sin\delta$$
$$z_1^* = z_a^*$$
$$u_1^* = u_a^*$$
$$v_1^* = v_a^* + \delta \qquad\qquad (2.20)$$
$$x_{n+1}^* = -2\cdot(y_n^* - y_M^*)\cdot\sin\delta + x_{n-1}^*$$
$$y_{n+1}^* = 2\cdot(x_n^* - y_M^*)\cdot\sin\delta + y_{n-1}^*$$
$$z_{n+1}^* = z_a^* = \text{konstant}$$

$$u_{n+1}^* = u_a^* = \text{konstant}$$
$$v_{n+1}^* = v_n^* + \delta$$

Die Qrtskoordinaten der berechneten Kreispunkte $P_n^*(x_n^*,y_n^*,z_n^*)$
und die Richtungswinkel (u_n^*,v_n^*) der Vektororientierung werden
zu jedem Interpolationstakt durch Multiplikation mit der inversen Transformationsmatrix $\underline{D}^{-1}$ in das raumfeste kartesische
Koordinatensystem zurückgerechnet.

2.3 Erzeugung komplexer Bewegungsbahnen durch automatische Wahl der Interpolationsart Linear- bzw. Zirkularinter- polation

Bei der Programmierung von Industrierobotern wird die Bahn des
Werkzeugeingriffspunktes in Form einer Folge von Stützpunkten
vorgegeben, zwischen denen dann z.B. linear oder zirkular interpoliert wird. Komplexe Bahnen können bei Steuerungen, die
über die Möglichkeit der Linear- und Zirkularinterpolation
verfügen, näherungsweise als Polygonzug bzw. als Folge von
Kreis- oder Geradenstücken dargestellt werden. Die NC-Sätze,
die nur Koordinateninformationen enthalten, müssen dazu vom
Programmierer um die G-Funktion (Wegbedingung) / 13 / zur Wahl
der Interpolationsart ergänzt werden. Die Abstände der einzelnen Stützpunkte und die Interpolationsart bestimmt der Pro-

grammierer vor allem bei komplexen Bahnkurven vorwiegend nach subjektiven Kriterien. Soll jedoch eine konstante Bahnqualität erzielt werden, so muß die Steuerung aus einer vorgegebenen Punktfolge die optimalen Stützpunktabstände und die Interpolationsart nach einem festgelegten Algorithmus selbst auswählen.

Ansätze zu dieser Vorgehensweise finden sich bei der Linearisierung von Flächenkurven beim fünfachsigen Stirnfräsen / 18 /; ein Verfahren, das zwischen verschiedenen Interpolationsfunktionen auswählt, wird bisher jedoch weder bei Werkzeugmaschinensteuerungen noch bei Robotersteuerungen verwendet.

Bei der im folgenden Abschnitt beschriebenen automatischen Stützpunktauswahl werden innerhalb eines um das aufgenommene Punktraster gelegten Toleranzschlauches die Punkte so ausgewählt, daß die Verbindungslinien zwischen diesen Punkten innerhalb dieser Toleranz liegen / 19 /.

Die Stützpunktauswahl wird zum einen unter dem Kriterium vorgenommen, daß zwischen den ausgewählten Punkten linear interpoliert wird, zum anderen, daß die Verbindungslinien zwischen den Punkten Kreise sind.

2.3.1 Stützpunktauswahl bei der Linearinterpolation

Die Vorgehensweise der Stützpunktauswahl bei der Linearinterpolation zeigt <u>Bild 2.13</u>. Ausgehend vom Anfangspunkt P_a zieht man eine Gerade zum Punkt $P_k = P_{a+2}$ und berechnet den Abstand d_{ik} des Zwischenpunktes $P_i = P_{a+1}$ zur Geraden g_{ak}. Liegt d_{ik} innerhalb des Toleranzbereichs, so wird der Index k um 1 erhöht, so daß der Punkt P_{a+3} zum neuen Zielpunkt P_{k+1} wird. Nun werden die Abstände $d_{i(k+1)}$ und $d_{(i+1)(k+1)}$ berechnet. Dieser Vorgang wird so oft wiederholt, bis der Abstand d_{ik} die zulässige Toleranz   überschreitet.

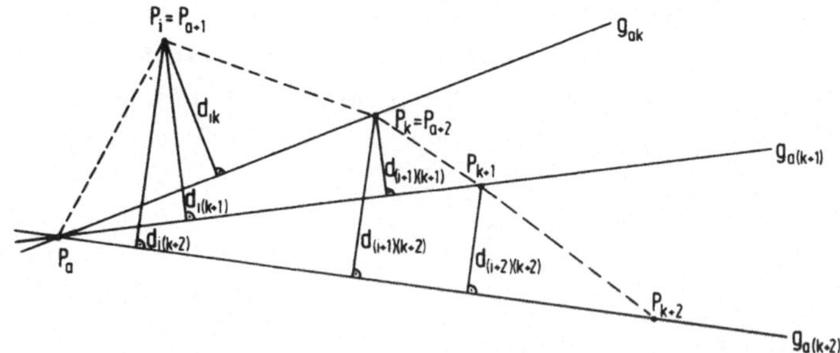

Bild 2.13 :   Stützstellenauswahl bei der Linearinterpolation.

Als Zielpunkt für einen linearen Interpolationsabschnitt wird
der letzte Stützpunkt herangezogen, bei dem d_{ik} noch innerhalb
der Toleranz liegt. Zur Berechnung des Abstandes d_{ik} wird
gemäß **Bild 2.14** vorgegangen.

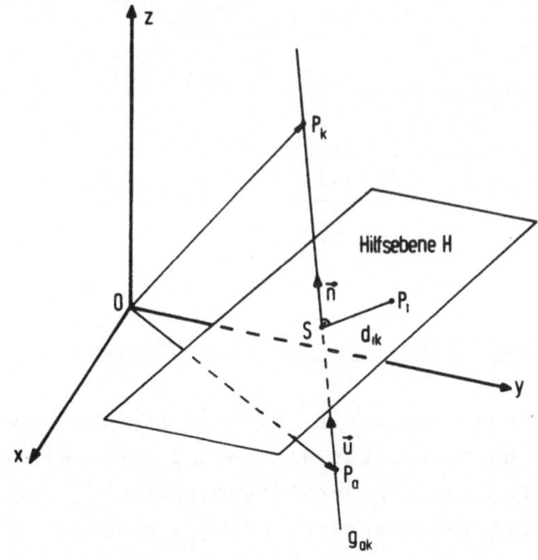

Bild 2.14 :   Abstandsberechnung eines Punktes von einer Geraden im Raum.

Man legt durch den Punkt P_i senkrecht zur Geraden g_{ak} eine Hilfsebene H, deren Normalenvektor $\underline{n}$ mit der Richtung $\underline{u}$ der Geraden g_{ak} übereinstimmt. Berechnet man den Durchstoßpunkt S der Geraden g_{ak}, so ergibt sich d_{ik} aus der Entfernung des Punktes P_i zu S.

Es gilt für den Normalenvektor
$$\underline{n} = (\underline{p}_k - \underline{p}_a) \tag{2.21}$$

Nimmt man für die Gerade g_{ak}
$$\underline{x} = \underline{p}_a + \lambda \cdot \underline{n} \tag{2.22}$$
und für die Ebene H
$$\underline{n} \cdot (\underline{x} - \underline{p}_i) = 0, \tag{2.23}$$
so erhält man

$$\lambda = \frac{(\underline{p}_i - \underline{p}_a) \cdot \underline{n}}{|\underline{n}^2|} \tag{2.24}$$

Damit ermittelt man den Ortsvektor für den Schnittpunkt S zu

$$\underline{s} = \underline{p}_a + \frac{(\underline{p}_i - \underline{p}_a) \cdot (\underline{p}_k - \underline{p}_a)}{(\underline{p}_k - \underline{p}_a)^2} \cdot (\underline{p}_k - \underline{p}_a) \tag{2.25}$$

Der Abstand d_{ik} ergibt sich zu

$$d_{ik} = (\underline{p}_i - \underline{s}) = \sqrt{\frac{(\underline{p}_i - \underline{p}_a)^2 (\underline{p}_k - \underline{p}_a)^2 - [(\underline{p}_i - \underline{p}_a) \cdot (\underline{p}_k - \underline{p}_a)]^2}{(\underline{p}_k - \underline{p}_a)^2}} \tag{2.26}$$

2.3.2 Stützpunktauswahl bei der Zirkularinterpolation

Die Stützstellenauswahl bei der Zirkularinterpolation wird auf ähnliche Weise durchgeführt. Zur Bestimmung eines Kreises werden drei Kreispunkte, nämlich der Anfangspunkt P_a, der Endpunkt $P_k = P_{a+3}$ und ein Zwischenpunkt $P_z = P_{a+2}$ herangezogen. Man berechnet nun den Abstand d_{ik} des Punktes $P_i = P_{a+1}$ an den Kreis k. Liegt d_{ik} außerhalb der Toleranz, so wird zunächst der zur Kreisbestimmung notwendige Zwischenpunkt P_z zu $P_z = P_{a+1}$ vari-

iert und der Abstand des Punktes P_{a+2} an diesen Kreis berechnet. Liegt d_{ik} jedoch innerhalb der Toleranz, so wird der Index des Endpunktes P_k und des Zwischenpunktes P_z um 1 erhöht
und die Abstände der Punkte P_{a+1} und P_{a+2} an den Kreisabschnitt k+1 berechnet. Für einen Abschnitt mit Kreisinterpolation werden diejenigen Kreispunkte P_k und P_z als Stützpunkte
herangezogen, bei denen d_{ik} noch innerhalb der zulässigen
Toleranz liegt.

Bei der Abstandsberechnung des Punktes P_i von dem Kreisabschnitt k wird die Strecke d_{ik} in die Komponenten a_1 und a_2
zerlegt (<u>Bild 2.15</u>). Dabei entspricht a_1 der Entfernung des
Punktes P_i vom Fußpunkt P_f auf der Kreisebene.

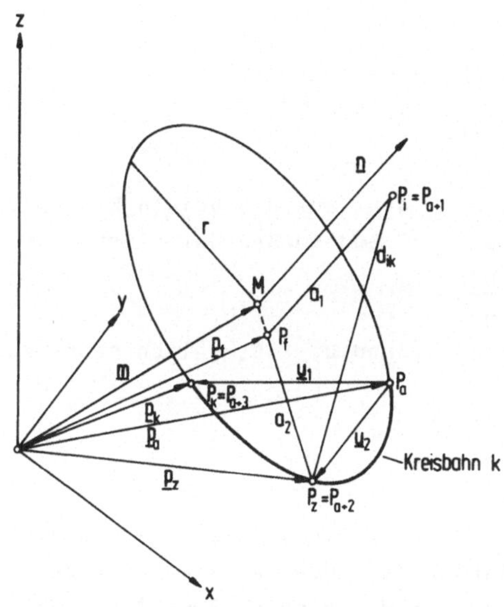

<u>Bild 2.15 :</u> Berechnung des Abstands eines Punktes von einem
Kreisabschnitt im Raum / 19 /.

Die Komponente a_1 wird dadurch berechnet, daß durch den Punkt
P_i eine Ebene parallel zur Kreisebene gelegt wird. Aus der

Differenz der Abstände dieser beiden Ebenen zum Ursprung ergibt sich dann a_1.

Ist die Kreisebene definiert zu
$$\underline{n}^0 \cdot \underline{x} - \underline{n}^0 \cdot \underline{p}_a = 0 \qquad (2.27)$$
und die Hilfsebene zu
$$\underline{n}^0 \cdot \underline{x} - \underline{n}^0 \cdot \underline{p}_i = 0 \; , \qquad (2.28)$$
so gelten für die Abstände der beiden Ebenen zum Ursprung die Beziehungen / 15 /:

Kreisebene: $\quad d_1 = \underline{n}^0 \cdot \underline{p}_a$

Hilfsebene: $\quad d_2 = \underline{n}^0 \cdot \underline{p}_i \qquad (2.29)$

Die Komponente a_1 berechnet sich dann zu

$$|a_1| = |d_2 - d_1| = |\underline{n}^0 \cdot (\underline{p}_i - \underline{p}_a)| \qquad (2.30)$$

mit dem Einheitsvektor $\quad \underline{n}^0 = \dfrac{\underline{n}}{|\underline{n}|}$

Der Normalenvektor $\underline{n}$ geht aus den beiden Richtungsvektoren $\underline{u}_1$ und $\underline{u}_2$ hervor, die folgendermaßen definiert sind:

$$\underline{u}_1 = \underline{p}_k - \underline{p}_a$$
$$\underline{u}_2 = \underline{p}_z - \underline{p}_a \qquad (2.31)$$

Da $\underline{n}$ orthogonal zu $\underline{u}_1$ und $\underline{u}_2$ ist, gelten nachstehende Beziehungen:

$$\underline{n} \cdot (\underline{p}_k - \underline{p}_a) = 0$$
$$\underline{n} \cdot (\underline{p}_z - \underline{p}_a) = 0 \qquad (2.32)$$

Die Komponente a_2 stellt die kürzeste Verbindung des Fußpunktes P_f zur Kreisbahn dar, d.h. a_2 liegt auf der Geraden, die durch den Mittelpunkt M und den Fußpunkt P_f geht. Somit ist a_2 die Differenz zwischen dem Radius r und dem Abstand zwischen P_f und M:

$$a_2 = r - |\underline{p}_f - \underline{m}| \; , \qquad (2.33)$$

wobei sich der Vektor $\underline{p}_f$ berechnet zu

$$\underline{p}_f = \underline{p}_i - a_1 \cdot \underline{n}^0 \qquad (2.34)$$

Für den Abstand d_{ik} gilt dann

$$d_{ik} = \sqrt{a_1^2 + a_2^2} \qquad\qquad (2.35)$$

2.3.3 Kriterium für die Wahl der Interpolationsart

Für eine vorgegebene Punktfolge wird die Stützpunktauswahl sowohl bei der Linearinterpolation als auch bei der Zirkularinterpolation durchgeführt. Für die einzelnen Streckenabschnitte wird die Interpolationsart ausgewählt, bei der die geringste Punktdichte auftritt (Bild 2.16). Dabei ist bei gleicher Anzahl von Stützpunkten pro Bahnabschnitt die Linearinterpolation vorzuziehen, da sie nach einem erheblich einfacheren Rechenalgorithmus durchgeführt wird als die Zirkularinterpolation.

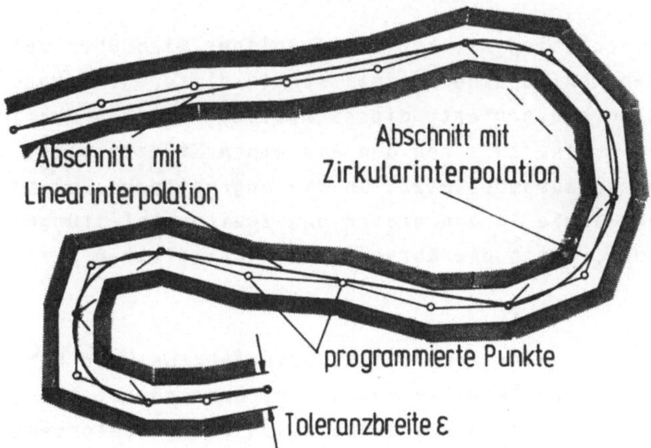

Bild 2.16 : Wahl der Interpolationsart / 19 /.

Der hier vorgestellte Auswahlalgorithmus beruht lediglich auf dem Kriterium der Bahnabweichung des Werkzeugeingriffspunktes. Soll auch die Werkzeugorientierung als Auswahlkriterium mit herangezogen werden, so läßt sich dies mit einem Verfahren wie in / 19 / beschrieben realisieren.

2.4 Erzeugung komplexer Bewegungsbahnen durch Interpolationsverfahren mit Hilfe kubischer Splines

Vor allem bei Automobilkarosserien treten häufig Konturen
auf, die sich mathematisch nicht einfach beschreiben lassen.
Derartige Kurven können deshalb nur durch eine Anzahl von
Stützpunkten beschrieben werden, die über eine einfachere,
mathematisch darstellbare Funktion verbunden werden. Als Randbedingung bei diesen Kurven, die sowohl aus gestalterischen
als auch aus aerodynamischen Gesichtspunkten entstehen, besteht die Forderung, daß der Bahnverlauf stetig differenzierbar sein muß, d.h. daß die Verbindungslinien glatte Obergänge
aufweisen müssen. Mathematisch wird dies dadurch erreicht, daß
mehrere niedriggradige und daher schwach schwankende Interpo-
lationspolynome zu einer über den gesamten Bahnabschnitt möglichst oft differenzierbaren Funktion verknüpft werden.

Bei der Interpolation mit kubischen Splines wird über den gesamten Bahnabschnitt eine zweimal stetig differenzierbare
Splinefunktion konstruiert, die sich stückweise aus für jedes
Teilintervall, d.h. zwischen den einzelnen Stützstellen, kubischen Polynomen zusammensetzt. Da die angrenzenden Polynome im
Funktionswert sowie in den ersten und zweiten Ableitungen
übereinstimmen, nimmt die Kurve stets einen glatten Verlauf
an / 16 /.

Zur Konstruktion eines Interpolationsverfahrens über kubische
Splines wird sinnvollerweise von der Parameterdarstellung aus-
gegangen, um z.B. auch die Interpolation von geschlossenen
Kurven durchführen zu können / 17 /.

2.4.1 Interpolation mit natürlichen Splinefunktionen

Eine parametrische kubische Splinefunktion S durch die Stützstellen $P_i(\tau_i, x_i)$, $i=1,\ldots,n$ wird durch folgende Eigenschaften
definiert:

- S ist im Gesamtintervall $[a,b]$ zweimal stetig differenzierbar.
- S ist in jedem Teilintervall $[\tau_i,\tau_{i+1}]$ durch ein kubisches Polynom definiert.
- S erfüllt die Interpolationsbedingung $S(\tau_i) = x_i$.
- Für eine natürliche kubische Splinefunktion gilt $S''(\tau_1) = S''(\tau_n) = 0$, d.h. für $\tau < \tau_1$ bzw. $\tau > \tau_n$ reduziert sich S auf die Tangente an den Graphen von S an der Stelle $a = \tau_1$ bzw. $b = \tau_n$.

Setzt man die Teilfunktionen der einzelnen kubischen Polynome an zu

$$F_i(\tau) = a_i + b_i \cdot (\tau-\tau_i) + c_i \cdot (\tau-\tau_i)^2 + d_i \cdot (\tau-\tau_i)^3 \qquad (2.36)$$

so sind die Koeffizienten a_i, b_i, c_i und d_i so zu bestimmen, daß die Splinebedingungen erfüllt sind. Im Intervall $[\tau_i,\tau_{i+1}]$ gelten an den Eckpunkten τ_i und τ_{i+1} die Beziehungen

$$
\begin{aligned}
x_i &= F_i(\tau_i) &&= a_i \\
x_{i+1} &= F_i(\tau_{i+1}) &&= a_i + b_i \cdot h_i + c_i \cdot h_i^2 + d_i \cdot h_i^3 \\
x_i' &= F_i'(\tau_i) &&= b_i \\
x_{i+1}' &= F_i'(\tau_{i+1}) &&= b_i + 2c_i \cdot h_i + 3d_i \cdot h_i^2 \\
x_i'' &= F_i''(\tau_i) &&= 2c_i \\
x_{i+1}'' &= F_i''(\tau_{i+1}) &&= 2c_i + 6d_i \cdot h_i
\end{aligned}
\qquad (2.37)
$$

mit $h_i = \tau_{i+1} - \tau_i$. $\qquad\qquad 1 \leq i \leq n-1$

Die Forderung nach Stetigkeit der ersten Ableitung auch an den Knotenpunkten ergibt

$$F_{i-1}'(\tau_i) = F_i'(\tau_i) \qquad\qquad (2.38)$$

und führt zu der Beziehung

$$h_{i-1} \cdot c_{i-1} + 2(h_{i-1}+h_i) \cdot c_i + h_i \cdot c_{i+1} = 3 \cdot \left(\frac{a_{i+1}-a_i}{h_i} - \frac{a_i-a_{i-1}}{h_{i-1}} \right) \quad (2.39)$$

für $2 \leq i \leq n-1$

$$- 42 -$$

Mit der Randbedingung $c_1 = c_n = 0$ ergibt sich ein lineares tridiagonales Gleichungssystem zur Bestimmung der c_i. Dieses Gleichungssystem kann nach dem Gaußschen Algorithmus über folgendes Schema gelöst werden:

$$\beta_1 = 0$$
$$\mu_1 = 0$$

$$\left.\begin{aligned}
\beta_{i+1} &= \frac{1}{2 \cdot (h_i + h_{i+1}) - \beta_i \cdot h_i^2} \\[2ex]
\mu_{i+1} &= 3 \cdot \left(\frac{a_{i+2} - a_{i+1}}{h_{i+1}} - \frac{a_{i+1} - a_i}{h_i} \right) - \beta_i \cdot h_i \cdot \mu_i
\end{aligned}\right\} \quad \text{für } 1 \leqq i \leqq n-2 \quad (2.40)$$

$$c_1 = c_n = 0$$
$$c_i = (\mu_i - h_i \cdot c_{i+1}) \cdot \beta_i \qquad \text{für } 2 \leqq i \leqq n-1$$

Die Ermittlung der übrigen Koeffizienten erfolgt nach den Beziehungen aus Gl.(2.37) zu

$$a_i = x_i$$
$$b_i = \frac{a_{i+1} - a_i}{h_i} - \frac{h_i \cdot (c_{i+1} + 2 \cdot c_i)}{3} \qquad\qquad (2.41)$$
$$d_i = \frac{c_{i+1} - c_i}{3\, h_i}$$

Die Übertragung auf den dreidimensionalen Raum ergibt

$$\begin{aligned}
x(\tau) &= a_{ix} + b_{ix} \cdot (\tau - \tau_i) + c_{ix} \cdot (\tau - \tau_i)^2 + d_{ix} \cdot (\tau - \tau_i)^3 \\
y(\tau) &= a_{iy} + b_{iy} \cdot (\tau - \tau_i) + c_{iy} \cdot (\tau - \tau_i)^2 + d_{iy} \cdot (\tau - \tau_i)^3 \\
z(\tau) &= a_{iz} + b_{iz} \cdot (\tau - \tau_i) + c_{iz} \cdot (\tau - \tau_i)^2 + d_{iz} \cdot (\tau - \tau_i)^3
\end{aligned} \qquad (2.42)$$

Dem Wert des Kurvenparameters τ entspricht die Bogenlänge der Kurve. Die Parameterwerte τ_i bis zu den Stützpunkten $P_i(x_i, y_i, z_i)$ können berechnet werden zu

$$\tau_{i+1} = \tau_i + h_i \qquad\qquad \text{für } 1 \leqq i \leqq n-1 \qquad (2.43)$$

mit der Anfangsbedingung $\tau_1 = 0$. Die Abstände h_i zwischen den einzelnen Stützstellen werden näherungsweise ermittelt zu

$$h_i = \sqrt{(x_{i+1}-x_i)^2 + (y_{i+1}-y_i)^2 + (z_{i+1}-z_i)^2} \qquad (2.44)$$

Aus der programmierten Bahngeschwindigkeit u_{prog} resultiert der Bahnparameter $\tau = u_{prog} \cdot t$ bzw. $\Delta\tau = u_{prog} \cdot T$.

Ein Beispiel einer natürlichen Splinefunktion in der x-y-Ebene zeigt <u>Bild 2.17</u>. Neben dem Bahnverlauf ist der Verlauf der Bahngeschwindigkeit u_B dargestellt. Die Bahngeschwindigkeit berechnet sich aus der Geschwindigkeit in den einzelnen Achskomponenten zu

$$u_B = \sqrt{u_x^2 + u_y^2} \qquad (2.45)$$

Dabei werden die Geschwindigkeitskomponenten ermittelt zu

$$u_x = \frac{dx}{dt} = u_{prog} \cdot (b_{ix} + 2c_{ix} \cdot (\tau-\tau_i) + 3d_{ix} \cdot (\tau-\tau_i)^2)$$

$$u_y = \frac{dy}{dt} = u_{prog} \cdot (b_{iy} + 2c_{iy} \cdot (\tau-\tau_i) + 3d_{iy} \cdot (\tau-\tau_i)^2) \qquad (2.46)$$

Für die Bahnbeschleunigung a_B gilt

$$a_B = \frac{du_B}{dt} \qquad (2.47)$$

Aus Gl.(2.45...2.46) wird ersichtlich, daß die Bahngeschwindigkeit u_B nicht konstant ist. Die Geschwindigkeitsänderung wird durch die Koeffizienten c_i und d_i bestimmt.

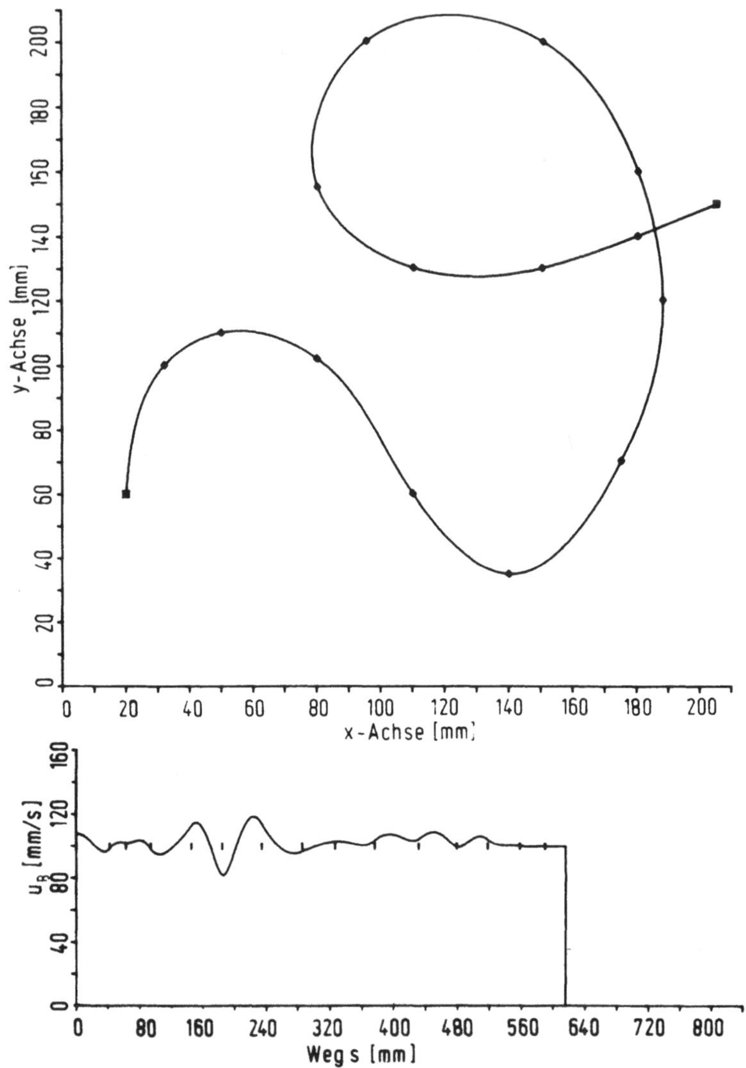

Bild 2.17 : Beispiel einer natürlichen Splinefunktion in der
x-y-Ebene.

2.4.2 Dynamische Splineinterpolation

Zur Bestimmung einer Splinefunktion S im Gesamtintervall $[a,b]$
mit den Stützstellen $P_1,\ldots,P_n$ ist im dreidimensionalen Raum
die Berechnung von $3 \times 4(n-1)$ Koeffizienten erforderlich. Deshalb ist es, schon aufgrund der Speicherplatzbeschränkung,
notwendig, bei der Implementierung der Algorithmen in eine
Roboter-CNC die Anzahl der Stützpunkte für eine Splinefunktion
zu beschränken. Außerdem wächst der Aufwand zur Lösung des
Gleichungssystems (2.39) mit der Anzahl der Stützstellen, so
daß eine Reduzierung der Stützstellenzahl auch zu einer Verringerung der Rechenzeit für die Splineinterpolation führt.

Ziel ist es deshalb, mehrere Splinefunktionen mit einer jeweils begrenzten Anzahl von Stützpunkten derart aneinander zu
ketten, daß an den Übergangsstellen keine Knicke auftreten.
Bei diesem, im folgenden als "dynamische Splineinterpolation"
bezeichneten Verfahren wird dies dadurch erreicht, daß die
Steigung der Splinefunktion S_k im Punkt $P_{n,k}$ $(k=1,2,\ldots)$
gleich der Anfangssteigung der Splinefunktion S_{k+1} im Punkt
$P_{1,k+1} = P_{n,k}$ gesetzt wird. Damit kommt zu Gl.(2.39) die zusätzliche Bedingung

$$h_1 \cdot (c_2 + 2c_1) = 3 \cdot \left(\frac{a_2 - a_1}{h_1} - S'(\tau_1) \right) \tag{2.48}$$

Dies führt zu folgendem Algorithmus zur Bestimmung von c_i:

$$\beta_1 = \frac{1}{2 \cdot h_1}$$

$$\mu_1 = 3 \cdot \left(\frac{a_2 - a_1}{h_1} - S'(\tau_1) \right)$$

$$\beta_{i+1} = \frac{1}{2 \cdot (h_i + h_{i+1}) - \beta_i \cdot h_i^2}$$

$$\mu_{i+1} = 3 \cdot \left(\frac{a_{i+2} - a_{i+1}}{h_{i+1}} - \frac{a_{i+1} - a_i}{h_i} \right) - \beta_i \cdot h_i \cdot \mu_i \qquad 1 \le i \le n-2 \tag{2.49}$$

$$c_n = 0$$

$$c_i = (\mu_i - h_i \cdot c_{i+1}) \cdot \beta_i \qquad\qquad 1 \le i \le n-1$$

Die Steigung S'_{k+1} der Splinefunktion S_{k+1} an der Stelle $\tau=\tau_1$ wird durch die Steigung am Zielpunkt des vorhergehenden Bahnabschnittes bestimmt. Die Steigung einer Splinefunktion am Zielpunkt $\tau=\tau_n$ wird ermittelt zu

$$S'_{k+1}(\tau_n) = \frac{a_n - a_{n-1}}{h_{n-1}} + \frac{h_{n-1}}{3} \cdot c_{n-1} \qquad (2.50)$$

Bild 2.18 zeigt eine Kurve, berechnet nach dem Verfahren der dynamischen Splineinterpolation. In diesem Beispiel wurden fünf Splinefunktionen zu jeweils vier Stützpunkten aneinandergekettet. Im Vergleich zu Bild 2.17 zeigt sich, daß durch die Koppelbedingung nach Gl.(2.48) die stetige Differenzierbarkeit der Gesamtfunktion gegeben ist, jedoch wird durch die Randbedingung $c_n = 0$ der einzelnen Splinefunktionen die Krümmung an den Verknüpfungsstellen zu Null.

Der Verlauf der Bahngeschwindigkeit $u_B = u_B(s)$ zeigt Sprungstellen an den Verknüpfungspunkten. Dies rührt daher, daß der zurückgelegte Weg s in der Regel nicht ein ganzzahliges Vielfaches eines Weginkrements $\Delta s = u_B \cdot T$ ist. Dadurch wird vor Erreichen des Zielpunktes ein kleinerer Wert als das errechnete Weginkrement vorgegeben, was zu einem kurzzeitigen Einbruch (T) im Verlauf der Bahngeschwindigkeit führt.

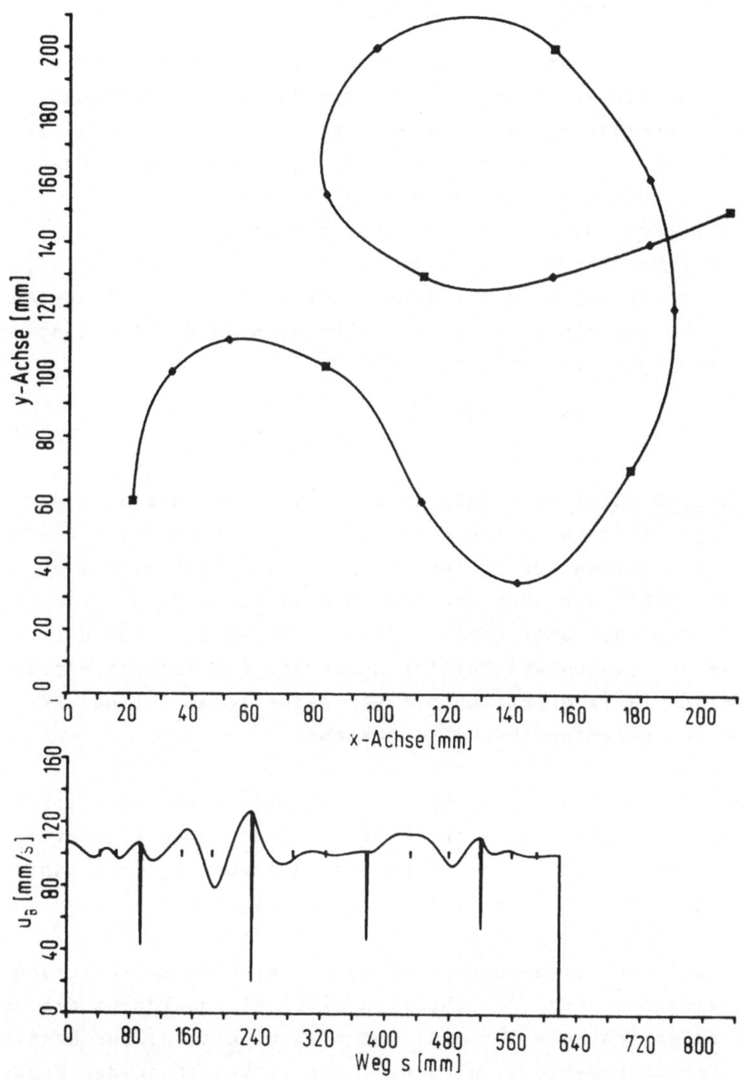

Bild 2.18 : Beispiel zur dynamischen Splineinterpolation in der x-y-Ebene.

2.4.3 Dynamische Splineinterpolation mit vorausschauender Koeffizientenberechnung

Eine Vermeidung der Randbedingung $c_n = 0$ an einer Koppelstelle wird dadurch erreicht, daß zur Koeffizientenberechnung für die Splinefunktion S_k im Intervall $[\tau_1,\tau_n]$ der Punkt P_{n+1} zusätzlich herangezogen wird. Dies bedeutet, daß eigentlich die Koeffizienten einer Splinefunktion im Intervall $[\tau_1,\tau_{n+1}]$ ermittelt werden, die Funktion selbst jedoch nur im Intervall $[\tau_1,\tau_n]$ berechnet wird. Dabei wird als Randbedingung $c_{n+1} = 0$ gesetzt, so daß im allgemeinen $c_n \neq 0$ wird. Als Anfangsbedingung für den nächsten Splineabschnitt wird die Steigung im Punkt P_n gesetzt. Es gilt

$$S'(\tau_n) = \frac{a_n - a_{n-1}}{h_{n-1}} + \frac{h_{n-1}}{3} \cdot (2c_n - c_{n-1}) \tag{2.51}$$

<u>Bild 2.19</u> zeigt eine Bahn in der x-y-Ebene, die nach diesem Interpolationsverfahren erzeugt wurde. Zur Koeffizientenberechnung wurden pro Splineabschnitt vier Stützpunkte herangezogen, wobei nur über die ersten drei Punkte eine Bahn interpoliert wird. Somit setzt sich für dieses Beispiel die gesamte Kurve aus sieben Abschnitten zusammen. Die dadurch entstehende Funktion fällt praktisch mit der natürlichen Splinefunktion über den gesamten Abschnitt zusammen.

Durch die Verfahren der dynamischen Splineinterpolation ist es möglich, die Anzahl der Stützstellen pro Splinefunktion je nach Rechenleistung des eingesetzten Steuerungsprozessors bis auf minimal drei Stützstellen zu reduzieren.

Soll bei der Splineinterpolation die Werkzeugorientierung mit einbezogen werden, so läßt sich Gl.(2.41) analog um die Definitionsgleichungen für $u(\tau)$ und $v(\tau)$ erweitern. Zur Bestimmung der Parameterwerte τ_i wird h_i unter Einbeziehung der Richtungsänderung berechnet zu

$$h_i = \sqrt{(x_{i+1}-x_i)^2 + (y_{i+1}-y_i)^2 + (z_{i+1}-z_i)^2 + l_u^2(u_{i+1}-u_i)^2 + l_v^2(v_{i+1}-v_i)^2}$$

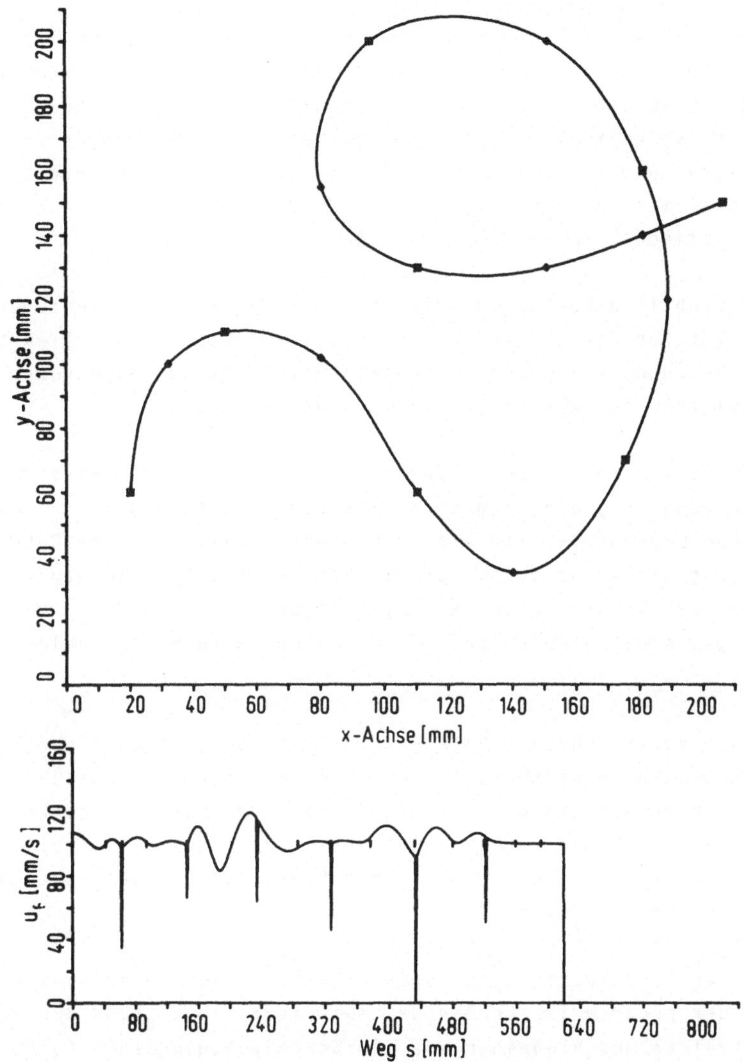

Bild 2.19 : Beispiel zur dynamischen Splineinterpolation mit vorausschauender Koeffizientenberechnung.

2.5 Beschleunigungsgesteuerte Führungsgrößenerzeugung

Die beschleunigungsgesteuerte Führungsgrößenerzeugung wird in
Werkzeugmaschinensteuerungen mit dem Ziel eingesetzt, Knick-
stellen im Signalverlauf der Lagesollwerte zu beseitigen. Dadurch ist es möglich, die dynamischen Bahnabweichungen zu reduzieren und die dynamischen Beanspruchungen von Lageregel-
kreiselementen, wie Antriebssysteme und mechanische Übertragungsglieder, zu verringern / 20 /.

Das Einhalten von definierten Beschleunigungen und Verzögerun-
gen ist für die Steuerung von Industrierobotern vor allem bei
der Bewegung von Gegenständen mit großen Massen oder von emp-
findlichen und zerbrechlichen Teilen notwendig.

In / 36 / wird zur Verminderung der am Greifobjekt wirksamen
Beschleunigung eine begrenzte Beschleunigungsvorgabe der einzelnen Lageregelkreise vorgeschlagen. Da zwischen der Bahnerzeugung im kartesischen Koordinatensystem und der Bewegung der
einzelnen Roboterachsen ein nichtlinearer Zusammenhang besteht
(vergl. Kap.4), tritt jedoch keine konstante Beschleunigung
auf.

In der vorliegenden Arbeit wird deshalb die Glättung der Füh-
rungsgrößen im kartesischen Koordinatensystem durchgeführt.
Dadurch werden die dynamischen Belastungen für das Greifobjekt
verringert. Nicht zwingend ist aber, daß dabei gleichzeitig
eine Verminderung der dynamischen Beanspruchung der Lageregel-
kreiselemente eintritt.

Bei der beschleunigungsgesteuerten Führungsgrößenvorgabe wird
aus der programmierten Bahngeschwindigkeit u_{prog} und der eingestellten Beschleunigung a_f die Beschleunigungszeit t_B bestimmt (<u>Bild 2.20</u>) zu

$$t_B = \frac{u_{prog}}{a_f} \qquad\qquad (2.53)$$

- 51 -

Wird t_B zum ganzzahligen Vielfachen der Taktzeit T aufgerundet, so werden bis zum Erreichen der programmierten Bahngeschwindigkeit $k=t_B/T$ Interpolationstakte benötigt. Wird die Berechnung des während der Beschleunigungsphase zurückgelegten Weges in eine Rekursionsgleichung übergeführt, so erhält man

$$\text{mit} \quad s_{n+1} = \frac{1}{2} \cdot a_f \cdot t_{n+1}^2$$

$$\text{und} \quad t_{n+1} = t_n + T \tag{2.54}$$

die Gleichung $\quad s_{n+1} = s_n + \Delta s_n \quad$, $\tag{2.55}$
wobei für die Wegzunahme gilt

$$\Delta s_n = a_f \cdot T \cdot (t_n + \frac{T}{2})$$

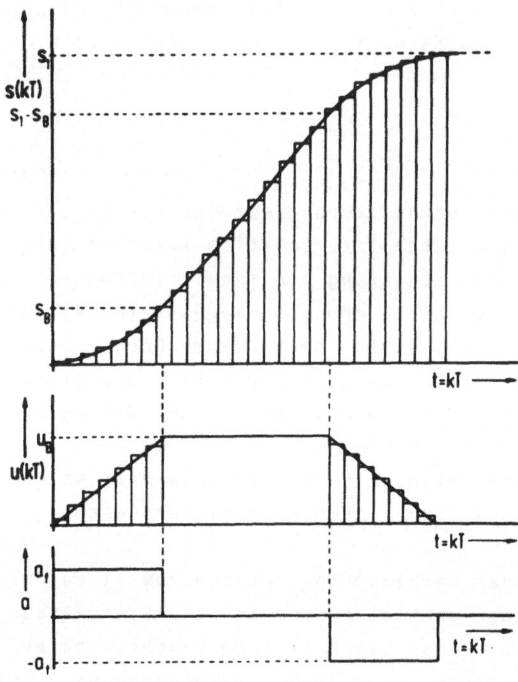

Bild 2.20 : Beschleunigungsgesteuerte Führungsgrößenerzeugung.

Wird auch die Wegzunahme in eine rekursive Form gebracht, so
erhält man die Gleichungen für die beschleunigungsgesteuerte
Führungsgrößenvorgabe zu

$$
\left.\begin{aligned}
s_0 &= \frac{1}{2} \cdot a_f \cdot T^2 \\[1em]
s_{n+1} &= s_n + \Delta s_n \\[1em]
\Delta s_{n+1} &= \Delta s_n + a_f \cdot T^2
\end{aligned}\right\} \quad 0 \leqslant n \leqslant (k-1) \qquad (2.56)
$$

Für den Verzögerungsvorgang gelten analoge Gleichungen. Wichtig dabei ist zu wissen, zu welchem Zeitpunkt der Verzögerungsvorgang eingeleitet werden soll. Wird beim Beschleuni-
gungsvorgang der in der Beschleunigungsphase zurückgelegte Weg
s_B abgespeichert, so wird der Verzögerungsvorgang genau dann
gestartet, wenn der interpolierte Zwischenpunkt vom Zielwert
noch um den Weg s_B entfernt ist.

Ergebnis:

In einer numerischen Bahnsteuerung erfolgt die Beschreibung
des Bewegungsablaufs durch Interpolation zwischen vorgegenen
Stützpunkten. Für die Steuerung von Industrierobotern genügen
die in Werkzeugmaschinensteuerungen eingesetzten Verfahren zur
Führungsgrößenerzeugung nicht, da in einer Roboter-CNC im allgemeinen die Orientierung des Werkzeugs bzw. des Greifers mitverarbeitet werden muß. Eine Modularität der Software wird dadurch erreicht, daß die Bahnbeschreibung, vom kinematischen
Aufbau des Roboters entkoppelt, in einem raumfesten oder werkstückbezogenen Koordinatensystem durchgeführt wird.

Die Beschreibung der Werkzeugbahn erfolgt zum einen durch einfache mathematische Funktionen (Gerade, Kreis; Anwendungsge-
biet: Werkstücke mit analytisch einfach beschreibbarer Geome-
trie), deren Berechnung keine großen Anforderungen an die Leistungsfähigkeit eines Steuerungsrechners stellt. Komplexe Bah-

nen können durch einen Auswahlalgorithmus zwischen Kreis und Gerade dargestellt werden.

Für leistungsfähige Steuerungsprozessoren bietet sich zur Erzeugung komplexer Funktionen (z.B. Karosseriebau) das Verfahren der dynamischen Splineinterpolation mit vorausschauender Koeffizientenberechnung an, dessen Einsatz insbesondere dann notwendig ist, wenn stetige und knickfreie Konturen gefordert werden.

Eine Reduzierung der am Greifobjekt wirkenden dynamischen Belastungen wird durch eine beschleunigungsgesteuerte Führungsgrößenvorgabe erreicht. Durch den Übergang auf ein rekursives Berechnungsverfahren wird die zeitliche Beanspruchung des Steuerungsrechners vermindert.

Die in diesem Abschnitt dargestellten Algorithmen beschreiben den gewünschten Bewegungsablauf in einem raumfesten bzw. werkstückbezogenen kartesischen Koordinatensystem. Die tatsächliche Istbahn des Werkzeugs relativ zum Werkstück weicht jedoch oft von der vorgegebenen Sollbahn ab. Die auftretenden Bahnabweichungen können durch unterschiedliche Einflüsse hervorgerufen werden. Eine Definition der verschiedenen Bahnabweichungen und die Erläuterung ihrer Ursachen wird im folgenden Abschnitt vorgenommen.

3 Bahnabweichungen

An numerische Bahnsteuerungen für Industrieroboter besteht die
Forderung nach geringen Bahnabweichungen bei der Simultanbewe-
gung mehrerer Achsen. Bahnabweichungen resultieren einmal aus
systematischen Abweichungen in der Erzeugung der Führungsgrö-
ßen, zum anderen aus der Oberlagerung der Differenzen zwischen
Lagesoll- und Lageistwerten der einzelnen Lageregelkreise.

3.1 Dynamische Bahnabweichungen

Dynamische Bahnabweichungen entstehen durch das nicht verzer-
rungsfreie Obertragungsverhalten der Lageregelkreise / 21 /.
Sie ergeben sich durch

  -Bahnrichtungsänderungen,
  -Nichtlinearitäten, wie Umkehrspanne und Begrenzungen, und
  -durch unterschiedliches dynamisches Verhalten der Lageregelkreise.

Die Folge dynamischer Bahnabweichungen sind Bahnversatz, Ober-
schwingen und das Verschleifen von Ecken. Abweichungen zeigen
sich vor allem bei nichtstetigen Bahnrichtungsänderungen, z.B.
beim Umfahren von Ecken (Bild 3.1). Möglichkeiten zur Verminderung der dynamischen Bahnabweichungen sind in / 3, 20 / angegeben, jedoch können damit die im folgenden erläuterten
Bahnabweichungen, die insbesondere bei Industrierobotern aber
auch z.B. bei Fünfachsenmaschinen auftreten, nicht beseitigt
werden.

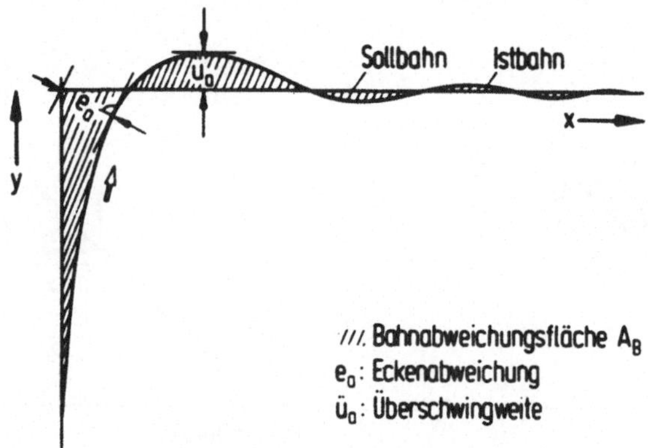

Bild 3.1 : Soll- und Istbahn beim Umfahren einer 90°-Ecke ohne Halt / 21 /.

3.2 Bahnabweichungen aufgrund der Lageregelabweichung

Bei der bisher fast ausschließlich verwendeten Struktur der Lageregler mit reinem Proportionalverhalten führt eine Verfahrgeschwindigkeit u_S zu einer Lageregelabweichung Δx, die durch die Geschwindigkeitsverstärkung K_v bestimmt ist. Beim Fahren einer Geraden mit linearen Lageregelkreisen überlagern sich im stationären Zustand die Lageregelabweichungen so, daß kein Bahnfehler auftritt. Der räumliche Istpunkt folgt dem Sollpunkt lediglich mit zeitlicher Verzögerung. Bei ungleichen Geschwindigkeitsverstärkungen in den einzelnen Achsen verläuft die Istbahn mit einem Parallelversatz d_p neben der Sollbahn (Bild 3.2).

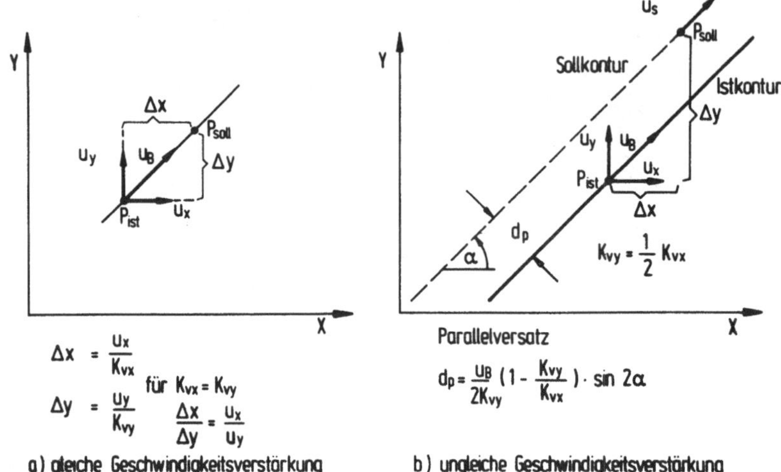

<u>Bild 3.2</u> :   Bahnabweichungen durch ungleiche Geschwindigkeitsverstärkungen / 21 /.

Sind an der Bahnerzeugung neben Linearachsen auch rotatorische
Achsen beteiligt, so sind die Geschwindigkeitsverstärkungen
der rotatorischen Achsen gleich einzustellen wie die Geschwindigkeitsverstärkungen der translatorischen Achsen, damit keine
Unterschiede in den Signallaufzeiten auftreten. Die Geschwindigkeitsverstärkung einer rotatorischen Achse ergibt sich zu

$$K_{v\alpha} = \frac{\omega_\alpha}{\Delta\alpha} \tag{3.1}$$

Im stationären Fall der Achsbewegungen treten damit keine
Bahnabweichungen auf.

Bei einer Bahnbewegung mit Oberlagerung translatorischer und
rotatorischer Achsen resultiert bei der Erzeugung einer Geraden in den einzelnen Achsen ein nichtlinearer Bewegungsablauf
(siehe auch Kap.3.3). Somit wird in den Achsgeschwindigkeiten
bei konstanter Bahngeschwindigkeit im allgemeinen kein statio-

närer Zustand erreicht. Durch die Änderung der Achsgeschwin-
digkeiten und evtl. der Bewegungsrichtung stellt sich bei der
Oberlagerung der Lageregelabweichungen ein Bahnfehler ein
(Bild 3.3).

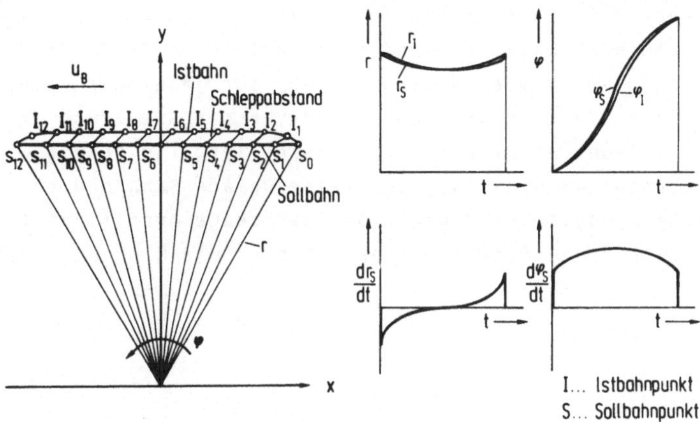

Bild 3.3 :   Bahnabweichungen durch Oberlagerung der Lageregel-
             abweichungen bei nichtlinearen Achsbewegungen.

3.3 Kinematische Bahnabweichungen

Neben den aus dem Obertragungsverhalten der Lageregelkreise
resultierenden Bahnabweichungen können diese auch abhängig von
der Methode der Führungsgrößenerzeugung entstehen.

Sind an der Bahnerzeugung neben Linearachsen auch Rotationsachsen beteiligt, so scheidet der Einsatz konventioneller
WZM-Bahnsteuerungen aus, da hier die tatsächliche Bahn des
Werkzeugeingriffspunktes von der programmierten Sollbahn ab-
weicht / 5 /. Die durch die Gleichbehandlung von translatorischen und rotatorischen Achsen entstehende Bahnabweichung wird
als "kinematischer Fehler" bezeichnet. Die Einflußgrößen, wie

der kinematische Aufbau des Geräts und die Interpolationsart,
werden in / 5 / ausführlich erläutert und analysiert.

Ein Beispiel für die Entstehung des kinematischen Fehlers
zeigt __Bild 3.4__. Soll der Werkzeugeingriffspunkt im kartesischen Koordinatensystem eine geradlinige Bahn mit konstanter
Bahngeschwindigkeit durchlaufen, so erfordert dies bei Simul-
tanbewegung der beiden Achsen r und φ für jede Achse einen
nichtlinearen Bewegungsablauf. Wird von der Steuerung jedoch
linear in jeder Achskoordinate interpoliert, so resultiert im
kartesischen Koordinatensystem keine gerade Bahn und keine
konstante Bahngeschwindigkeit des Werkzeugeingriffspunktes.
Dem kinematischen Fehler entspricht hier die Höhe des Kreisabschnittes.

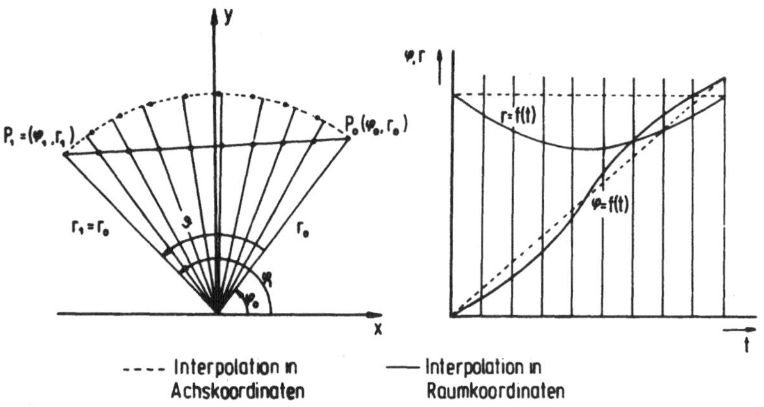

__Bild 3.4__ :   Kinematischer Fehler bei Überlagerung einer Trans-
lations- und einer Rotationsachse.

Die Reduzierung des kinematischen Fehlers kann zum einen durch
Erhöhung der Punktdichte erfolgen. Diese Maßnahme erfordert

jedoch einen größeren Programmieraufwand und einen erhöhten
Speicherplatzbedarf für das Bewegungsprogramm.

In / 5 / wird zur Verminderung der kinematischen Abweichung
die parabolische Interpolation angegeben. Dabei wird zwischen
drei Achskoordinatenwerten in jeder Achse über der Zeit eine
Kurve zweiter Ordnung interpoliert, was jedoch ebenfalls eine
Erhöhung der Punktdichte bedeutet.

In / 22 / wird ein verbesserter NC-Datenfluß vorgestellt, wobei bereits Aufgaben des Postprocessors in die numerische
Steuerung verlagert werden. Nachteilig bei diesem Verfahren
ist, daß die Interpolation in zwei Ebenen (Raumkoordinaten und
Maschinenkoordinaten) durchgeführt wird, so daß eine klare
Trennung zwischen der Bahnerzeugung und der maschinenspezifi-
schen Anpassung fehlt.

Aufgrund der steigenden Leistungsfähigkeit der Steuerungsrechner bietet sich nun ein Verfahren an, bei dem der kinematische
Fehler dadurch reduziert wird, daß die Bahnbewegung in einem
von der Achskonfiguration des Roboters unabhängigen raumfesten
oder werkstückbezogenen Koordinatensystem durchgeführt wird
/ 6 /.

In / 14 / ist ein Verfahren zur Führungsgrößenerzeugung für
Industrieroboter dargestellt, bei dem die Lageführungsgrößen
der einzelnen Achsen aus raumfesten kartesischen Koordinaten
berechnet werden. Bei diesem Verfahren ist jedoch die Bewegung
eines Werkzeugvektors mit der Koordinatentransformation ver-
mascht, so daß die Modularität stark eingeschränkt ist.

Im Rahmen dieser Arbeit wird deshalb die Beschreibung der Bewegungsbahn von der mathematischen Anpassung an die Achskonfiguration des Industrieroboters (Koordinatentransformation) ge-
trennt. Der folgende Abschnitt soll diese Vorgehensweise ver-
deutlichen.

Die Interpolation im raumfesten Koordinatensystem liefert zeitdiskrete Bahnzwischenpunkte mit der dazugehörenden Orientierung des Werkzeugs, die in das Koordinatensystem des Roboters transformiert werden. Die daraus gewonnenen Achskoordinatenwerte werden als Lagesollwerte an die Lageregelkreise ausgegeben. Bild 3.5 zeigt den Datenfluß bei der Interpolation in Raum- und in Achskoordinaten.

Bei der Transformation der raumfesten oder werkstückbezogenen Koordinaten in die Achskoordinaten des Industrieroboters bestimmt die Dynamik der Lageregelkreise bzw. der Antriebe den größten zulässigen zeitlichen Abstand der einzelnen Lagesollwerte und somit der Interpolationszyklen (Interpolationstakt). Als Erfahrungswerte für 3-achsige Werkzeugmaschinen können dafür ca. 5 bis 10ms angegeben werden. Dies bedeutet, daß an die

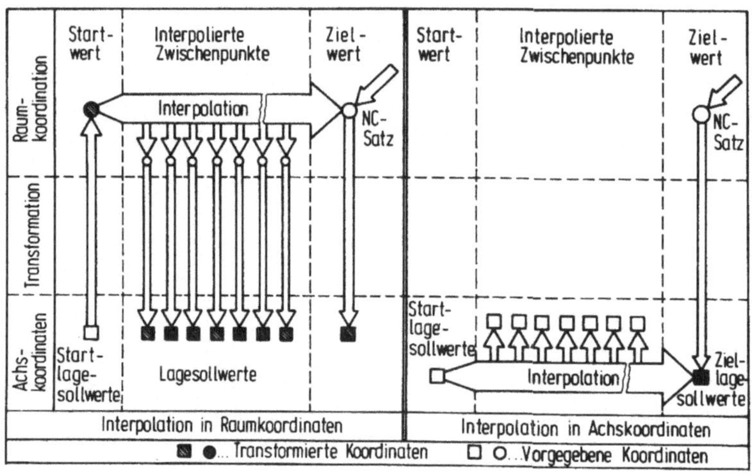

Bild 3.5 : Datenfluß bei der Interpolation in Raum- und in Achskoordinaten.

Interpolation und Koordinatentransformation sehr hohe Echt-
zeitanforderungen gestellt werden. Deshalb ist es erforderlich, geeignete numerische Rechenverfahren einzusetzen, um die
Koordinatentransformation zeitoptimal zu lösen. Darauf wird im
folgenden Abschnitt eingegangen.

4   Koordinatentransformation

Die Transformationsgleichungen beschreiben den mathematischen
Zusammenhang zwischen den raumfesten bzw. werkstückbezogenen
Koordinaten und den Achskoordinaten eines Industrieroboters.
Im allgemeinen Fall erhält man ein nichtlineares Gleichungssystem, das trigonometrische Funktionen, deren Umkehrfunktio-
nen und die Wurzelfunktion beinhaltet. Für diejenigen Digi-
talrechner, bei denen hardwaremäßig bisher nur arithmetische
Operationen und logische Verknüpfungen möglich sind, müssen
die oben genannten Grundfunktionen durch geeignete Software-
bausteine realisiert werden. Dabei müssen die Berechnungsal-
gorithmen die Anforderungen hinsichtlich Rechengenauigkeit
und Rechenzeit erfüllen.

Der Transformationsalgorithmus ist von der kinematischen Kon-
figuration des Handhabungssystems abhängig. Der kinematische
Aufbau eines Industrieroboters kann eingeteilt werden in

- Grundachsen, die die Positionierung eines Körperpunktes
  ermöglichen, und in
- Handachsen, die zusammen mit den Grundachsen ein Positio-
  nieren und Orientieren eines Körpers oder Vektors erlau-
  ben.

Grund- und Handachsen werden im Vergleich zu / 34 / jeweils in
vier verschiedene dreiachsige Haupttypen klassifiziert, die
entsprechend den Anforderungen seitens der Arbeitsaufgabe kom-
binierbar sind (Bild 4.1).

Bedingt durch den konstruktiven Aufbau, bei dem Translations-
achsen und/oder Rotationsachsen mit jeweils nur einem Freiheitsgrad hintereinandergeschaltet sind, läßt sich die Transformation der Achskoordinaten des Roboters in ein raumfestes
kartesisches Koordinatensystem in mehrere Elementartransformationen von kartesischen Koordinatensystemen zerlegen, die lediglich durch Parallelverschiebung der Koordinatenachsen oder

durch Drehung der Koordinatenachsen um den Koordinatenursprung
gebildet werden (Bild 4.2).

Typ	Achskonfiguration		Arbeitsraum
I	3 Translationsachsen	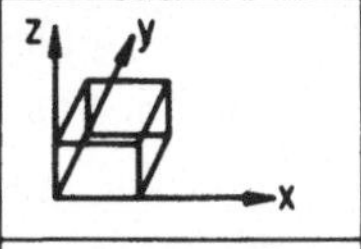	Kartesische koordinaten
II	2 Translationsachsen 1 Rotationsachse	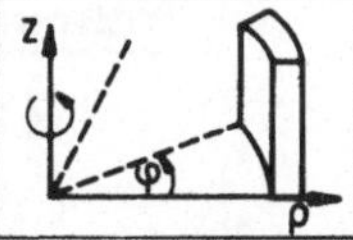	Zylinder- koordinaten
III	1 Translationsachse 2 Rotationsachsen	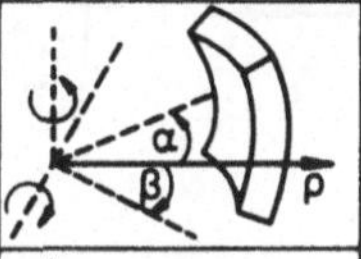	Kugel- koordinaten
IV	3 Rotationsachsen	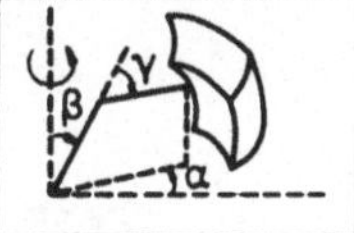	Gelenk- koordinaten

Bild 4.1 : Klassifikation der Grund- und Handachsen von Industrierobotern / 6 /.

Eine translatorische Verschiebung um den Verschiebevektor $\underline{q}$
wird dabei definiert zu

$$\underline{x} = \underline{x}^* + \underline{q} \tag{4.1}$$

wobei $\underline{x}$ die Koordinaten des alten und $\underline{x}^*$ die Koordinaten des
neuen Koordinatensystems sind.

Eine Drehung des Koordinatensystems um den Koordinatenursprung
wird mit Hilfe der Transformationsmatrix $\underline{D}$ beschrieben zu

$$\underline{x} = \underline{D} \cdot \underline{x}^* \tag{4.2}$$

Die Elemente der Transformationsmatrix $\underline{D}$ geben die Richtungskosinus der Vektoren $\underline{x}^*$ bezüglich der Vektoren $\underline{x}$ wieder.

Werden diese Elementartransformationen entsprechend dem kinematischen Aufbau des HHS verknüpft, so lassen sich die Transformationsgleichungen für einen Industrieroboter aufstellen.
Die Reihenfolge der Verknüpfungen ist zu beachten.

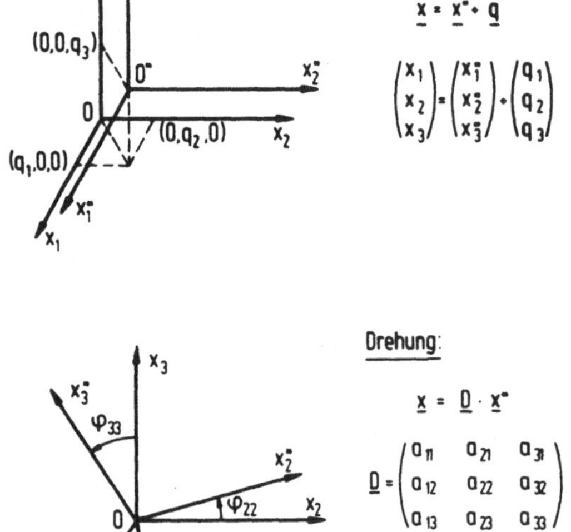

__Bild 4.2 :__ Transformation kartesischer Koordinatensysteme
/ 11 /.

4.1 Ermittlung der Transformationsgleichungen

Die durch die Verknüpfung der in Gl.(4.1-4.2) beschriebenen
Elementartransformationen resultierenden Transformationsgleichungen stellen die raumfesten bzw. werkstückbezogenen Koordi-

naten $(r_1,\ldots,r_k)$, d.h. die Position des Werkzeugeingriffspunktes und die Richtung des Werkzeugs, als Funktion G der
Achskoordinaten $(h_1,\ldots,h_k)$ des HHS dar:

$$
\begin{aligned}
r_1 &= G_1(h_1,\ldots,h_k) \\
r_2 &= G_2(h_1,\ldots,h_k) \\
&\ \ \cdot \quad\quad\ \cdot \\
&\ \ \cdot \quad\quad\ \cdot \\
r_k &= G_k(h_1,\ldots,h_k)
\end{aligned}
\tag{4.3}
$$

Diese Darstellung wird im folgenden als Vorwärtstransformation
bezeichnet. Sie ermöglicht die Berechnung der Raumkoordinaten
des Werkzeugs bzw. Greifers aus der Meßsysteminformation der
einzelnen Roboterachsen.

4.1.1 Herleitung der Transformationsgleichungen für einen fünfachsigen Industrieroboter

Die Herleitung der Gleichungen für die Vorwärtstransformation
wird beispielhaft für das in Bild 4.3 dargestellte fünfachsige
HHS durchgeführt. Die Grundachsen des HHS, die rotatorische
Turmdrehachse C, die Vertikalachse Z und die Radialachse R,
bilden einen zylindrischen Arbeitsraum. Mit Hilfe der beiden
rotatorischen Handachsen D und P wird die Orientierung eines
rotationssymmetrischen Werkzeugs ermöglicht. Der Werkzeugeingriffspunkt wird im raumfesten kartesischen Koordinatensystem
durch die Ortskoordinaten x, y und z, die Werkzeugorientierung
durch die beiden Richtungswinkel u und v beschrieben.

Bei der Erstellung der Gleichungen für die Vorwärtstransformation wird von einer sog. Grundstellung des HHS ausgegangen.
Diese Grundstellung wird so gewählt, daß jede Drehachse mit
einer der Hauptachsen des kartesischen Koordinatensystems
übereinstimmt, und daß die Vektoren $\underline{l}_1$, $\underline{l}_2$ und $\underline{l}_3$ eine möglichst einfache Gestalt annehmen (Bild 4.4). Aus dieser Grund-
stellung werden die Drehungen durch die elementaren Drehmatri-
zen beschrieben.

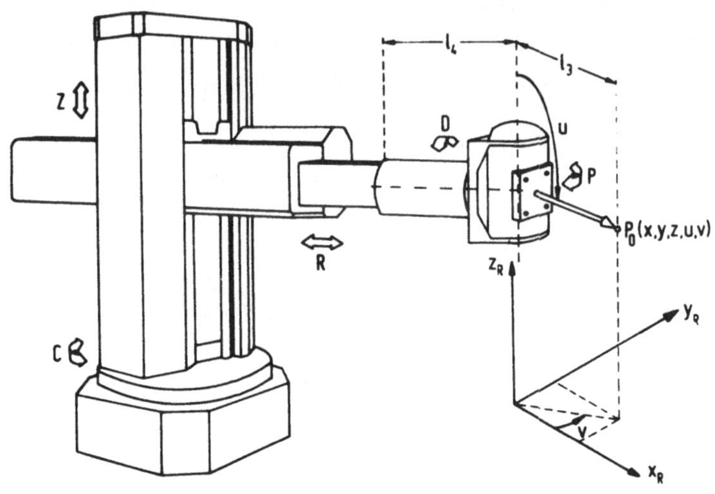

Bild 4.3 : Achskonfiguration eines fünfachsigen HHS.

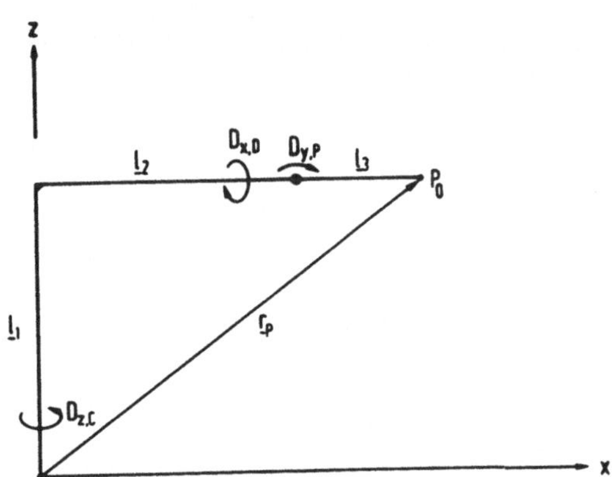

Bild 4.4 : Kinematisches Ersatzbild des fünfachsigen HHS in
der Grundstellung.

Durch die elementare Drehmatrix wird die Drehung eines Vektors um eine Achse des kartesischen Koordinatensystems durch den Winkel φ definiert. Bei einer Drehung um die x-Achse gilt für die elementare Drehmatrix

$$\underline{D}_{x,\varphi} = \begin{pmatrix} 1 & 0 & 0 \\ 0 & \cos\varphi & -\sin\varphi \\ 0 & \sin\varphi & \cos\varphi \end{pmatrix} \tag{4.4}$$

Entsprechend ist bei einer Drehung um die y-Achse die elementare Drehmatrix definiert zu

$$\underline{D}_{y,\varphi} = \begin{pmatrix} \cos\varphi & 0 & \sin\varphi \\ 0 & 1 & 0 \\ -\sin\varphi & 0 & \cos\varphi \end{pmatrix} \tag{4.5}$$

Die Rotation um die z-Achse liefert

$$\underline{D}_{z,\varphi} = \begin{pmatrix} \cos\varphi & -\sin\varphi & 0 \\ \sin\varphi & \cos\varphi & 0 \\ 0 & 0 & 1 \end{pmatrix} \tag{4.6}$$

Die Koordinaten des Werkzeugeingriffspunktes P_0 werden durch den Ortsvektor $\underline{r}_p$ beschrieben. Dieser wird berechnet zu

$$\underline{r}_p = \underline{l}_1 + \underline{D}_{z,C} \cdot \underline{l}_2 + \underline{D}_{z,C} \cdot \underline{D}_{x,D} \cdot \underline{D}_{y,P} \cdot \underline{l}_3 \tag{4.7}$$

Dabei sind die Vektoren in der Grundstellung wie folgt definiert:

$$\underline{l}_1 = \begin{pmatrix} 0 \\ 0 \\ z \end{pmatrix}, \quad \underline{l}_2 = \begin{pmatrix} R+l_4 \\ 0 \\ 0 \end{pmatrix}, \quad \underline{l}_3 = \begin{pmatrix} l_3 \\ 0 \\ 0 \end{pmatrix} \tag{4.8}$$

Für den Ortsvektor $\underline{r}_p$ des Werkzeugeingriffspunktes P_0 erhält man somit

$$\underline{r}_p = \begin{pmatrix} l_3 \cdot \cos P \cdot \cos C + (R+l_4) \cdot \cos C - l_3 \cdot \cos D \cdot \sin P \cdot \sin C \\ l_3 \cdot \cos P \cdot \sin C + (R+l_4) \cdot \sin C + l_3 \cdot \cos D \cdot \sin P \cdot \cos C \\ Z + l_3 \cdot \sin D \cdot \sin P \end{pmatrix} \qquad (4.9)$$

Die Bestimmung der Werkzeugorientierung wird über den Vektor $\underline{l}_3'$ durchgeführt. Dieser wird aus dem in Grundstellung definierten Vektor $\underline{l}_3$ berechnet zu

$$\underline{l}_3' = \underline{D}_{z,C} \cdot \underline{D}_{x,D} \cdot \underline{D}_{y,P} \cdot \underline{l}_3$$

$$\text{bzw.} \quad \underline{l}_3' = \begin{pmatrix} l_3 \cdot (\cos P \cdot \cos C - \cos D \cdot \sin P \cdot \sin C) \\ l_3 \cdot (\cos P \cdot \sin C + \cos D \cdot \sin P \cdot \cos C) \\ l_3 \cdot \sin D \cdot \sin P \end{pmatrix} \qquad (4.10)$$

Die Werkzeugrichtung wird nach der Definition in <u>Bild 2.6</u> (Kap.2.1) ermittelt. Zur Bestimmung der Winkel u und v werden die Komponenten von $\underline{l}_3'$ herangezogen. Es gilt

$$\cos u = \frac{l_{3z}'}{l_3} \quad , \quad \tan v = \frac{l_{3y}'}{l_{3x}} \qquad (4.11)$$

Damit gilt für die Vorwärtstransformation das in <u>Bild 4.5</u> dargestellte Gleichungssystem.

Vorwärtstransformation

$x = l_3 \cos P \cos C + (l_4 + R)\cos C - l_3 \cos D \sin P \sin C$

$y = l_3 \cos P \sin C + (l_4 + R)\sin C - l_3 \cos D \sin P \cos C$

$z = Z + l_3 \sin D \sin P$

$\cos u = \sin D \sin P$

$\tan v = \dfrac{\cos P \sin C + \cos D \sin P \cos C}{\cos P \cos C - \cos D \sin P \sin C}$

<u>Bild 4.5 :</u> Gleichungen der Vorwärtstransformation für ein fünfachsiges HHS.

4.2 Berechnung der mathematischen Grundfunktionen

Zur Berechnung der in den Transformationsgleichungen auftretenden Funktionen sind verschiedene Verfahren denkbar:

- Bestimmung der Funktionswerte durch algebraische Gleichun-
  gen über Näherungsverfahren (Reihenentwicklung).
- Bestimmung der Funktionswerte über Tabellen mit Hilfe eines
  Suchalgorithmus.

Um geeignete Approximationsverfahren für die benötigten mathematischen Grundfunktionen auszuwählen, die die Anforderungen
an die Rechengenauigkeit und die Rechenzeit erfüllen, wurde in
/ 22 / eine Reihe verschiedener Approximationstheorien untersucht. Die dabei erzielten Ergebnisse wurden in die Bewertung
mit den im folgenden Abschnitt dargestellten Lösungsverfahren
mit einbezogen.

Bei der Auswahl des geeignetsten Verfahrens ist der eingesetz-
te Steuerungsrechner mit entscheidend. Wichtig ist die Kennt-
nis der Anzahl der Rechenoperationen, um einen Vergleich der
Rechenzeit für die Ausführung der Funktionen anstellen zu können. Die Berechnung der Sinus- und Kosinusfunktion ist über
eine Potenzreihenentwicklung nach Taylor / 15 / möglich. Lösungen zur Berechnung der Wurzelfunktion und der inversen trigonometrischen Funktionen finden sich in / 23, 24 /.

4.2.1 Berechnung trigonometrischer Funktionen über Tabellen

Je nach Befehlsausführungszeit des Steuerungsrechners für die
arithmetischen Operationen kann bei der Berechnung trigonometrischer Funktionen ein Wert für die Berechnungszeit resultieren, der die von der Dynamik der Lageregelkreise zulässige Abtastzeit überschreitet. Damit ist dann die Bestimmung der
Funktionswerte über Tabellen erforderlich, die eine feste Anzahl trigonometrischer Funktionswerte enthalten. Durch Inter-

polation innerhalb der Tabellenintervalle lassen sich Zwischenwerte ermitteln. Die Zwischenwertbildung kann durch

- lineare Interpolation oder durch
- quadratische Interpolation nach Bessel / 15 /

erfolgen. Die Tabelle wird in der Regel mit konstanten Tabellenintervallen aufgebaut. Zur Verringerung des Tabellenumfangs ist jedoch auch ein nichtlinearer Aufbau mit veränderten Tabellenintervallen in bestimmten Bereichen möglich. Dabei wird jedoch der Suchalgorithmus aufwendiger.

Bei der linearen Interpolation im Tabellenintervall wird vorausgesetzt, daß der Zuwachs der Funktion dem Zuwachs der unabhängigen Variablen proportional ist, d.h. die Funktion wird im Intervall durch eine Gerade angenähert. Liegt der gegebene Wert der unabhängigen Variablen x_i zwischen den in der Tabelle angegebenen Werten x_n und $x_{n+1}=x_n+h$, denen die Funktionswerte $y_n=f(x_n)$ und $y_{n+1}=f(x_{n+1})$ entsprechen, so setzt man

$$y = y_n + k \cdot (y_{n+1} - y_n)$$

$$\text{mit} \quad k = \frac{x_i - x_n}{h} \quad , \tag{4.12}$$

wobei $h=x_{n+1}-x_n$ den Stützpunktabstand angibt.

Soll der Tabellenumfang reduziert und somit Speicherplatz eingespart werden, so muß ein genaueres Interpolationsverfahren angewendet werden. Hier bietet sich die quadratische Interpolation nach Bessel an. Der gesuchte Funktionswert y wird nach folgender Gleichung ermittelt:

$$y = y_n + k \cdot (y_{n+1} - y_n) + \frac{k \cdot (k-1)}{4} \cdot (y_{n+2} - y_{n+1} - y_n + y_{n-1}) \tag{4.13}$$

Dabei ist

$y_n \quad$ der nächstniedere in der Tabelle angegebene Funktionswert,

y_{n-1} der darunterliegende Funktionswert,

y_{n+1} der nächsthöhere in der Tabelle angegebene Funktionswert,

y_{n+2} der darüberliegende Wert,

x_i der Eingabewert zwischen den in der Tabelle angegebenen
Variablen x_n und x_{n+1}.

Bild 4.6 zeigt eine Gegenüberstellung der Verfahren zur Sinusberechnung hinsichtlich Rechenzeit, Speicherplatz und Genauigkeit. Dabei wird von der Zahlendarstellung und der Rechenge-
schwindigkeit eines eingesetzten Steuerungsrechners ausgegangen. Das Rechenwerk erlaubt die Verarbeitung von Gleitkomma-
zahlen mit einer Mantisse von 24 bit, wobei durch entsprechen-
de Normierung im ungünstigsten Fall 21 bit signifikant sind.
Durch die Fehlerfortpflanzung läßt sich bei der Potenzreihenentwicklung auch bei größerer Gliederzahl der Fehler nicht
weiter reduzieren.

Berechnungsverfahren	Fehler [rad]	Zeit [μs]	Speicherplatzbedarf
Potenzreihen-Entwicklung (Gleitkomma)	$< 3,8 \cdot 10^{-6}$	261	372 byte
Tschebyschew-Polynom (Gleitkomma)	$< 5,4 \cdot 10^{-6}$	240	316 byte
Tabelle mit quadratischer Interpolation (Gleitkomma)	$< 1,5 \cdot 10^{-7}$	197	472 byte
Tabelle mit linearer Interpolation (Gleitkomma)	$< 4,9 \cdot 10^{-7}$	97	3446 byte
Tabelle mit linearer Interpolation (Festkomma [16 bit])	$< 4,6 \cdot 10^{-7}$	84	3470 byte

Bild 4.6 : Vergleich der Verfahren zur Sinusberechnung.

Bei der Implementierung der trigonometrischen Funktionen in
ein Steuersystem (siehe Kap. 6) zeigte sich, daß für den vorgegebenen Anwendungsfall die mit dem Tschebyschew-Verfahren

erzielbare Genauigkeit nicht mehr ausreichte. Dagegen wurden
mit dem Berechnungsverfahren mit Potenzreihenentwicklung die
Zeit- und Genauigkeitsanforderungen noch erfüllt. Nach dem
Kriterium des Speicherplatzbedarfs wurde deshalb bei der bei-
spielhaften Realisierung dieser Berechnungsalgorithmus ausgewählt.

4.3 Lösung nichtlinearer Gleichungssysteme

Zur Berechnung der Sollwerte für die einzelnen Lageregelkreise
des HHS aus vorgegebenen Raumkoordinaten ist die Auflösung des
in Kap.4.1 beschriebenen nichtlinearen Transformationsgleichungssystems notwendig. Diese Auflösung wird im folgenden als
Rückwärtstransformation bezeichnet. Dabei ist nicht immer eine
geschlossene Lösung möglich. In vielen Fällen ist man auf numerische Näherungsverfahren angewiesen, die auf der Methode
der sukzessiven Approximation oder der Linearisierung aufbauen.
Approximative Verfahren ergeben, ausgehend von einem oder mehreren Näherungswerten, eine Zahlenfolge, von der vorausgesetzt
wird, daß sie gegen die gesuchte Lösung konvergiert. Die Iteration wird abgebrochen, wenn eine ausreichende Genauigkeit
erreicht ist.

4.3.1 Iterationsverfahren zur Lösung nichtlinearer Glei-
chungssysteme

Bei allen Iterationsverfahren wird das Gleichungssystem (4.3)
für die Vorwärtstransformation auf die Normalform

$$
\begin{aligned}
F_1(h_1,\ldots,h_k,r_1) &= 0 \\
F_2(h_1,\ldots,h_k,r_2) &= 0 \\
&\;\;\vdots \\
F_k(h_1,\ldots,h_k,r_k) &= 0
\end{aligned}
\qquad (4.14)
$$

oder in Vektorschreibweise $\underline{F}(\underline{h},\underline{r})=0$ gebracht.

Der Ableitung nach $\underline{h}$ entspricht die Jacobische Matrix $\underline{J}(\underline{h})$ / 25 / :

$$\underline{J}(\underline{h}) = \begin{pmatrix} \dfrac{\delta F_1}{\delta h_1} & \cdots & \dfrac{\delta F_1}{\delta h_k} \\[1em] \cdot & & \cdot \\ \cdot & & \cdot \\ \cdot & & \cdot \\[0.5em] \dfrac{\delta F_k}{\delta h_1} & \cdots & \dfrac{\delta F_k}{\delta h_k} \end{pmatrix} \qquad (4.15)$$

4.3.2 Die Newtonsche Methode und ihre Varianten

Bei diesen Approximationsverfahren wird die Lösung $\underline{h}^*$ dadurch angenähert, daß man die Funktion $\underline{F}(\underline{h})$ durch eine lineare Funktion $\underline{L}_n(\underline{h})$ im Punkt $\underline{h}^{(n)}$ ersetzt. Dabei ist $\underline{h}^{(n)}$ ein Näherungswert für $\underline{h}^*$ / 25 /:

$$\underline{L}_n(\underline{h}) = \underline{A}\cdot(\underline{h} - \underline{h}^{(n)}) + \underline{F}(\underline{h}^{(n)}) \qquad (4.16)$$

Den neuen Näherungswert $h^{(n+1)}$ erhält man, indem man $\underline{L}_n(\underline{h})=0$ setzt:

$$\underline{h}^{(n+1)} = \underline{h}^{(n)} - \underline{A}^{-1}\cdot\underline{F}(\underline{h}^{(n)}) \qquad (4.17)$$

Wird für $\underline{A}$ die Einheitsmatrix $\underline{A}=\alpha\cdot\underline{I}$ gesetzt, so führt dies zur Picard-Iteration:

$$\underline{h}^{(n+1)} = \underline{h}^{(n)} - \alpha\cdot\underline{I}^{-1}\cdot\underline{F}(\underline{h}^{(n)}) \quad \cdot \qquad (4.18)$$

Wird bei jedem Iterationsschritt in Gl.(4.17) für $\underline{A}$ die Jacobische Matrix gesetzt, so erhält man die Newton-Methode /26/:

$$\underline{h}^{(n+1)} = \underline{h}^{(n)} - [\underline{J}(\underline{h}^{(n)})]^{-1}\cdot\underline{F}(\underline{h}^{(n)}) \qquad (4.19)$$

Zur Beeinflussung der Konvergenzgeschwindigkeit und zur Vermeidung der Singularität von $\underline{J}(\underline{h}^{(n)})$ gibt es folgende Variante /25/:

$$\underline{h}^{(n+1)} = \underline{h}^{(n)} - \omega \cdot [\underline{J}(\underline{h}^{(n)}) + \lambda \cdot I]^{-1} \cdot \underline{F}(\underline{h}^{(n)}) \tag{4.20}$$

mit den Bedingungen für die Koeffizienten zur Konvergenzbeschleunigung ω und λ:

$$0 < \omega < 2 \quad \text{und} \quad -\beta < \lambda/(2\omega) < \eta$$
$$\beta = \min\{ |\mu_i|^2/2\mathrm{Re}(\mu_i) \quad | \quad \mathrm{Re}(\mu_i) \leq 0 \} \tag{4.21}$$
$$\eta = \min\{ |\mu_i|^2/2\mathrm{Re}(\mu_i) \quad | \quad \mathrm{Re}(\mu_i) > 0 \}$$

μ_i sind die Eigenwerte von $\underline{J}(\underline{h})$.

Die Berechnung von $[\underline{J}(\underline{h}^{(n)})]^{-1}$ ist bei Gleichungssystemen höherer Ordnung sehr aufwendig. Deshalb gibt es Verfahren, bei denen die inverse Jacobische Matrix nur bei jedem m-ten Schritt neu berechnet wird / 27 /. Für m=2 erhält man die kubische Newton-Methode:

$$\underline{h}^{(n+1)} = \underline{h}_1^{(n)} - [\underline{J}(\underline{h}^{(n)})]^{-1} \cdot \underline{F}(\underline{h}_1^{(n)})$$

$$\underline{h}_1^{(n+1)} = \underline{h}^{(n)} - [\underline{J}(\underline{h}^{(n)})]^{-1} \cdot \underline{F}(\underline{h}^{(n)}) \tag{4.22}$$

und für m=3 die höhere Newton-Methode:

$$\underline{h}^{(n+1)} = \underline{h}_2^{(n)} - [\underline{J}(\underline{h}^{(n)})]^{-1} \cdot \underline{F}(\underline{h}_2^{(n)})$$

$$\underline{h}_2^{(n)} = \underline{h}_1^{(n)} - [\underline{J}(\underline{h}^{(n)})]^{-1} \cdot \underline{F}(\underline{h}_1^{(n)}) \tag{4.23}$$

$$\underline{h}_1^{(n)} = \underline{h}^{(n)} - [\underline{J}(\underline{h}^{(n)})]^{-1} \cdot \underline{F}(\underline{h}^{(n)})$$

4.3.3 Verallgemeinerte lineare Methoden

Bei diesen Verfahren wird das Problem, i Gleichungen mit i Variablen zu lösen, auf die Lösung einer Gleichung mit einer Variablen zurückgeführt. Ein Iterationsverfahren wird dadurch konstruiert, daß die i-te Gleichung des Systems nach der Variablen h_i aufgelöst wird. Für die Variablen $h_1,\ldots,h_{i-1}$ werden bereits die neuen Iterationswerte eingesetzt, während für die restlichen Variablen die Werte der vorangehenden Iteration gesetzt werden.

$$F_i(h_1^{(n+1)},\ldots,h_{i-1}^{(n+1)},h_i^{(n)},h_{i+1}^{(n)},\ldots,h_k^{(n)}) = 0 \qquad (4.24)$$

Wählt man zur Lösung dieser nichtlinearen Gleichung eine einstufige Newton-Iteration, erhält man die SOR-Newton-Methode / 25 /:

$$h_i^{(n+1)} = h_i^{(n)} - \omega \cdot \frac{F_i(h_1^{(n+1)},\ldots,h_{i-1}^{(n+1)},h_i^{(n)},\ldots,h_k^{(n)})}{\frac{\delta}{\delta h_i} F_i(h_1^{(n+1)},\ldots,h_{i-1}^{(n+1)},h_i^{(n)},\ldots,h_k^{(n)})} \qquad (4.25)$$

Werden bei der Auflösung der i-ten Gleichung nach der Variablen h_i für sämtliche Variablen die ermittelten Werte aus der vorhergehenden Iteration eingesetzt, so führt dies zur Jacobi-Newton-Methode / 25 /:

$$h_i^{(n+1)} = h_i^{(n)} - \omega \cdot \frac{F_i\,(\underline{h}^{(n)})}{\frac{\delta}{\delta h_i} F_i\,(\underline{h}^{(n)})} \qquad (4.26)$$

4.3.4 Minimierungsmethoden

Bei diesen Approximationsverfahren werden die Lösungen eines nichtlinearen Gleichungssystems ersetzt durch die Minimierung einer Funktion G. Diese Funktion G muß die Bedingung erfüllen, daß sie nur dann zu Null wird, wenn alle $F_1,\ldots,F_k$ zu Null werden, d.h., wenn $h_1,\ldots,h_k$ Lösungen des Gleichungssystems sind. Dies erfüllt die Quadratnorm von $F_1,\ldots,F_k$.

$$G(\underline{h}) = \left[F_1(\underline{h})\right]^2 + \left[F_2(\underline{h})\right]^2 + \ldots + \left[F_k(\underline{h})\right]^2 \qquad (4.27)$$

Wenn man zur Lösung dieses Minimumproblems in Gradientenrichtung $G'(\underline{h})$ weiterschreitet, so erhält man das Gradientenverfahren. Als Zusatzbedingung muß $G(\underline{h}^{(n+1)})=G(\underline{h}^{(n)})$ erfüllt sein / 17 /. Es gilt dann

$$\underline{h}^{(n+1)} = \underline{h}^{(n)} - \frac{G(\underline{h}^{(n)})}{[G'(\underline{h}^{(n)})]^2} \cdot G'(\underline{h}^{(n)}) \tag{4.28}$$

4.3.5 Untersuchung der Iterationsverfahren

Zur ersten Überprüfung auf ihre Eignung wurden die Iterationsverfahren an dreiachsigen Handhabungssystemen untersucht. Dazu wurden Industrieroboter mit Zylinderkoordinaten und Gelenkkoordinaten betrachtet. Aus vorgegebenen kartesischen Koordinaten sollten die Achskoordinaten h_1, h_2, h_3 des Roboters berechnet werden. Die geforderte relative Genauigkeit resultierte aus der Zahlendarstellung im eingesetzten Steuerungsrechner und betrug 10^{-6}.

In **Bild 4.7** ist die durchschnittliche Zahl der Iterationen der verschiedenen Verfahren für die beiden Achskonfigurationen dargestellt. Es zeigt sich, daß die Iterationsverfahren Picard, Jacobi und SOR-Newton bei Zylinderkoordinatensystemen zu einer Lösung führen, daß bei einem Achsaufbau in Gelenkkoordinaten die Lösung jedoch nicht mehr konvergiert. Das Gradientenverfahren benötigt in beiden Fällen große Schrittzahlen, so daß auch diese Methode für die allgemeine praktische Anwendung ausscheidet. Weitere Betrachtungen in dieser Arbeit beschränken sich deshalb auf die Newtonsche Methode bzw. das kubische Newtonsche Näherungsverfahren.

Bei der Untersuchung der Iterationsverfahren zeigten sich bei allen Approximationsmethoden Stellen, an denen eine eindeutige Lösung nicht existierte. Auf dieses mathematische Problem wird im folgenden Abschnitt eingegangen.

Iterationsverfahren	Iterationsschrittzahl	
	Zylinder- koordinaten	Gelenk- koordinaten
Picard (optimales α)	60	keine Konvergenz
Newton (optimales λ,ω)	3	12
Newton kubisch (opt. λ,ω)	2	6
Jakobi (optimales ω)	33	keine Konvergenz
SOR-Newton (optimales ω)	10	keine Konvergenz
Gradienten	200	203

Bild 4.7 : Iterationsschrittzahlen verschiedener Approximationsverfahren bei Zylinder- und Gelenkkoordinaten.

4.3.6 Singularität der Jacobischen Matrix

Das Lösungsverhalten eines nichtlinearen Gleichungssystems
wird allein von der Jacobischen Matrix $\underline{J}(\underline{h})$ bestimmt, d.h. es
ist vom Lösungsverfahren unabhängig. Als kritischer Punkt er-
weist sich die Stelle, an der $|\underline{J}|$ zu Null wird. Hier wird die
Lösung nicht mehr eindeutig. An diesen Nullstellen kann eine
Lösungsverzweigung auftreten, d.h. es gibt mehrere Lösungsäste
(Bild 4.8). Auf welchen Ast die Lösung springt, läßt sich im
allgemeinen nicht voraussagen.

Beim Durchlaufen einer Nullstelle der Jacobischen Matrix können also theoretisch Sprünge im Funktionsverlauf der Achskoordinaten des Roboters auftreten. Es muß deshalb diese Nullstelle erkannt und durch geeignete Verfahren überwunden werden
(vergl. Kap. 4.6). Die Erkennung geschieht anhand des Vorzei-
chenwechsels von $|\underline{J}|$.

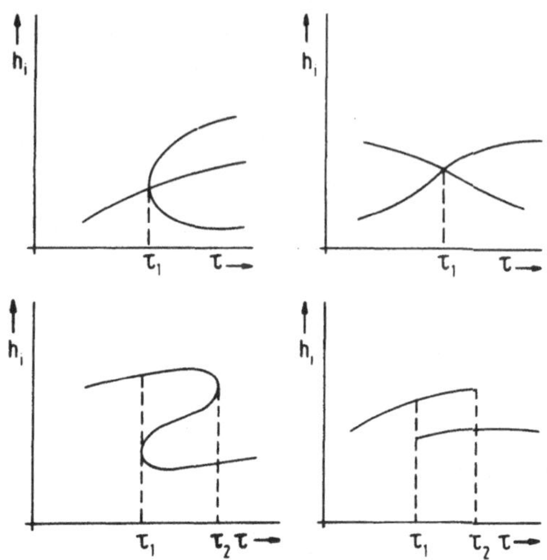

Bild 4.8 : Möglicher Lösungsverlauf in der Umgebung von Nullstellen der Jacobischen Matrix.

4.3.7 Anwendung von Iterationsverfahren zur Lösung der Trans-
formationsgleichungen eines fünfachsigen Handhabungssystems

Aufbauend auf den Ergebnissen aus Kap.4.3.5 wurden die Trans-
formationsgleichungen des in **Bild 4.3** dargestellten Industrie-
roboters mit Hilfe der Newtonschen Näherungsverfahren gelöst.
Bei der direkten Anwendung der Newton-Verfahren auf die
Transformationsgleichungen eines fünfachsigen HHS ergeben sich
Schwierigkeiten, da die Invertierung einer 5x5-Matrix erforderlich ist. Mit der in Kap.4 beschriebenen Aufteilung in
Grund- und Handachsen wird jedoch eine Lösung erzielt, die die
Anwendung der Newton-Methoden entschieden erleichtert. Durch
diese Aufteilung wird eine Aufspaltung der Transformation in
Teiltransformationen mit jeweils maximal drei Gleichungen er-
reicht, bei deren Lösung mit den Newton-Verfahren die Inver-
tierung der Jacobischen Matrix einfach ist (**Bild 4.9**).

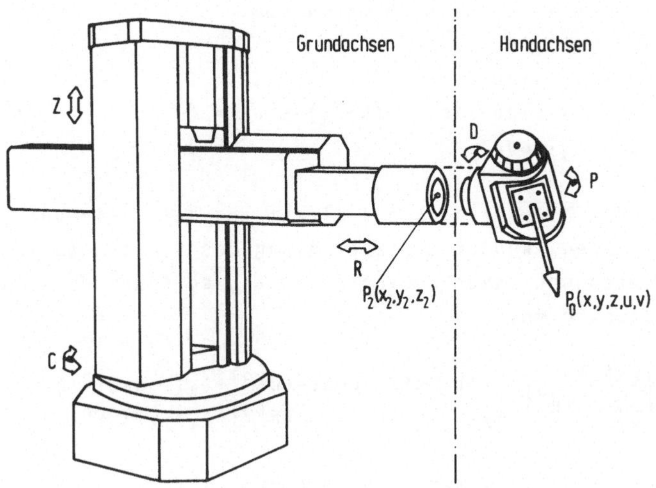

Bild 4.9 :   Aufteilung des fünfachsigen HHS in Grund- und
Handachsen.

Durch die Freiheitsgrade der Grundachsen wird im raumfesten
kartesischen Koordinatensystem der Handwurzelpunkt $P_2(x_2, y_2, z_2)$ definiert. Mit Hilfe der Gleichungen für die Vorwärtstransformation wird der Ortsvektor von P_2 einerseits bestimmt
zu

$$\begin{pmatrix} x_2 \\ y_2 \\ z_2 \end{pmatrix} = \begin{pmatrix} (R+l_4) \cdot \cos C \\ (R+l_4) \cdot \sin C \\ Z \end{pmatrix} \qquad (4.29)$$

Andererseits wird der Handwurzelpunkt aus den kartesischen Koordinaten des Werkzeugeingriffspunktes $P(x,y,z)$ und der Werkzeugorientierung (u,v) ermittelt zu

$$\begin{pmatrix} x_2 \\ y_2 \\ z_2 \end{pmatrix} = \begin{pmatrix} x - l_3 \cdot \sin u \cdot \cos v \\ y - l_3 \cdot \sin u \cdot \sin v \\ z - l_3 \cdot \cos u \end{pmatrix} \qquad (4.30)$$

Dies führt dann zu dem Gleichungssystem

$$F_1 = x - l_3 \cdot \sin u \cdot \cos v - (R+l_4) \cdot \cos C = 0$$
$$F_2 = y - l_3 \cdot \sin u \cdot \sin v - (R+l_4) \cdot \sin C = 0 \qquad (4.31)$$
$$F_3 = z - l_3 \cdot \cos u - Z \qquad\qquad = 0$$

Dabei kann die Achskoordinate Z direkt aus der Gleichung $F_3=0$ berechnet werden. Wendet man zur Lösung des Gleichungssystems $\underline{F}=\underline{0}$ das Newtonsche Näherungsverfahren an, so führt dies zu der Iterationsformel

$$\begin{pmatrix} R \\ C \end{pmatrix}^{(n+1)} = \begin{pmatrix} R \\ C \end{pmatrix}^{(n)} - \underline{J}^{-1} \cdot \begin{pmatrix} x - l_3 \cdot \sin u \cdot \cos v - (R^{(n)}+l_4) \cdot \cos C^{(n)} \\ y - l_3 \cdot \sin u \cdot \sin v - (R^{(n)}+l_4) \cdot \sin C^{(n)} \end{pmatrix} \quad (4.32)$$

Die inverse Jacobische Matrix erhält man zu

$$\underline{J}^{-1} = \begin{pmatrix} -\cos C & -\sin C \\ \dfrac{\sin C}{R+l_4} & \dfrac{-\cos C}{R+l_4} \end{pmatrix} \qquad\qquad (4.33)$$

Somit erhält man die Rekursionsgleichung

$$R^{(n+1)} = (x - l_3 \cdot \sin u \cdot \cos v) \cdot \cos C^{(n)} + (y - l_4 \cdot \sin u \cdot \sin v) \cdot \sin C^{(n)} - l_4$$
$$C^{(n+1)} = C^{(n)} + \frac{y - l_3 \cdot \sin u \cdot \sin v}{R^{(n)}+l_4} \cdot \cos C^{(n)} - \frac{x - l_3 \cdot \sin u \cdot \cos v}{R^{(n)}+l_4} \cdot \sin C^{(n)} \qquad (4.34)$$

Zur Berechnung der Koordinaten der Handachsen D und P liefern die Gleichungen der Vorwärtstransformation die Bedingung

$$F_3 = \cos P \cdot \cos C - \cos D \cdot \sin P \cdot \sin C - \sin u \cdot \cos v = 0$$
$$F_4 = \cos P \cdot \sin C + \cos D \cdot \sin P \cdot \cos C - \sin u \cdot \sin v = 0 \qquad (4.35)$$

Mit der Iterationsvorschrift

$$\begin{pmatrix} D \\ P \end{pmatrix}^{(n+1)} = \begin{pmatrix} D \\ P \end{pmatrix}^{(n)} - \underline{J}^{-1} \cdot \begin{pmatrix} f_3 \\ f_4 \end{pmatrix}^{(n)} \qquad\qquad (4.36)$$

erhält man die Rekursionsgleichung

$$D^{(n+1)} = D^{(n)} - \frac{\cos D^{(n)} \cdot \cos P^{(n)} \cdot \left[\sin u(\cos v \cdot \cos C + \sin v \cdot \sin C)\right]}{\sin D^{(n)} \sin^2 P^{(n)}}$$

$$- \frac{\sin P^{(n)} \cdot \left[\sin u(\sin v \cdot \cos C - \cos v \cdot \sin C)\right] - \cos D^{(n)}}{\sin D^{(n)} \sin^2 P^{(n)}} \qquad (4.37)$$

$$P^{(n+1)} = P^{(n)} + \frac{\cos P^{(n)} - \left[\sin u(\cos v \cdot \cos C + \sin v \cdot \sin C)\right]}{\sin P^{(n)}}$$

Dabei wurde der Lösungswert für C mit der Iteration nach Gl. (4.34) bereits ermittelt. In <u>Bild 4.10</u> sind beispielhaft die berechneten Näherungswerte für jeden Iterationsschritt dargestellt.

Kartesische Koordinaten
x = 125 mm   y = 85 mm   z = 80 mm   u = 77 grad   v = 40 grad
Parameter
l_3 = 30 mm l_4 = 20 mm
Startwerte
R = 100 mm   C = 32 grad   D = 61 grad   P = 14 grad

Iterations-schnitt	R [mm]	C [grad]
1	102. 102 523	32. 8479761
2	102. 115 434	32. 8333142
3	102. 115 438	32. 8333158
4	102. 115 438	32. 8333158

Iterations-schnitt	D [grad]	P [grad]
1	61. 6159555	14. 8379286
2	61. 6141429	14. 8147416
3	61. 6141428	14. 8147239
4	61. 6141428	14. 8147239

Exakte Lösung:
R = 102. 115438 mm   C = 32. 8333158 grad
D = 61. 6141428 grad   P = 14. 8147239 grad

<u>Bild 4.10</u> :   Beispiel zur iterativen Lösung der Transformationsgleichungen eines fünfachsigen HHS mit Hilfe des Newton-Verfahrens.

Für die Achskoordinaten R und C wird bereits nach dem zweiten
Iterationsschritt eine relative Genauigkeit von 10^{-7} erreicht.
Bei der nachfolgenden approximativen Berechnung der Achskoordinaten der Handachsen wird diese Genauigkeit für D nach dem
zweiten und für P nach dem dritten Iterationsschritt erzielt.

Im weiteren wurden am Beispiel des oben dargestellten HHS die
verschiedenen Newton-Verfahren hinsichtlich der erforderlichen
Zahl von Iterationsschritten untersucht. Dabei erwies sich,
daß das kubische Newton-Verfahren zur Lösung der nichtlinearen
Transformationsgleichungssysteme hinsichtlich Rechenaufwand
und Konvergenzgeschwindigkeit am geeignetsten erscheint.

4.4 Darstellung der Rückwärtstransformation über die ge-
schlossene Lösung

Da die Rückwärtstransformation zu jedem Interpolationstakt
aufgerufen wird (vergl. <u>Bild 3.5</u>), sind an den Berechnungsalgorithmus sehr hohe zeitliche Anforderungen im Millisekundenbereich gestellt. Deshalb sollte auf jeden Fall versucht werden, eine geschlossene Lösung für die Transformationsgleichungen zu erzielen, da bei rekursiven Verfahren in der Regel
die Iterationsformel mehrfach durchlaufen werden muß, bis
ausreichende Genauigkeit erzielt ist.

Die Erarbeitung einer geschlossenen Lösung ist für fünf- und
mehrachsige Handhabungssysteme meist nicht einfach und nur
durch geometrische Betrachtungen zu erreichen. Eine allgemein-
gültige Lösung ist nicht möglich, jedoch soll im folgenden am
Beispiel des fünfachsigen HHS nach <u>Bild 4.3</u> (Kap.4.1) die
prinzipielle Vorgehensweise beschrieben werden.

Ausgehend vom Werkzeugeingriffspunkt $P_0(x,y,z)$ und der Werkzeugorientierung (u,v) werden die Ortskoordinaten des Handwurzelpunktes $P_2(x_2,y_2,z_2)$ berechnet (<u>Bild 4.11</u>).

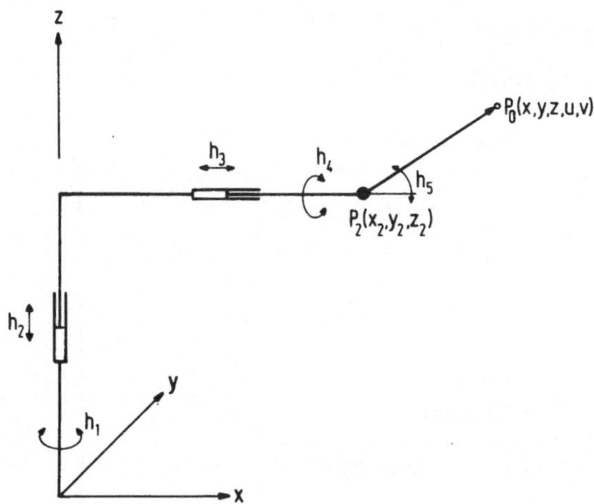

Bild 4.11 : Kinematisches Ersatzbild eines fünfachsigen HHS.

Andererseits erhält man für den Punkt P_2 ein Gleichungssystem dritter Ordnung:

$$x_2 = F_1(h_1, h_2, h_3)$$
$$y_2 = F_2(h_1, h_2, h_3) \qquad\qquad (4.38)$$
$$z_2 = F_3(h_1, h_2, h_3)$$

aus dem sich durch Substitution die Achskoordinaten h_1, h_2 und h_3 berechnen lassen. Die Koordinaten der Handachsen h_4 und h_5 ergeben sich über geometrische Beziehungen aus der Differenz $x-x_2$. Das heißt, daß generell versucht werden muß, aus den kartesischen Ortskoordinaten des Werkzeugeingriffspunktes und der Werkzeugorientierung die Ortskoordinaten des Handwurzelpunktes P_2 zu ermitteln. Durch die Aufspaltung der Koordinatentransformation vereinfacht sich die Berechnung der Achskoordinaten. Dies führt dann am dargestellten Beispiel zu folgenden Gleichungen für die Rückwärtstransformation (Bild 4.12). Zur eindeutigen Bestimmung der Winkelwerte für die Drehachsen sind zusätzliche Bereichsabfragen notwendig.

$$\boxed{\begin{array}{l}
\textbf{Rückwärtstransformation} \\[2ex]
D = \arctan\left(-\dfrac{\cos u\sqrt{1+\left(\dfrac{y-l_3\sin u\sin v}{x-l_3\sin u\cos v}\right)^2}}{\sin u\left[\cos v\left(\dfrac{y-l_3\sin u\sin v}{x-l_3\sin u\cos v}\right)-\sin v\right]}\right) \\[6ex]
P = \arccos\left(\sin u\,\dfrac{\cos v+\sin v\left(\dfrac{y-l_3\sin u\sin v}{x-l_3\sin u\cos v}\right)}{\sqrt{1+\left(\dfrac{y-l_3\sin u\sin v}{x-l_3\sin u\cos v}\right)^2}}\right) \\[6ex]
C = \arctan\left(\dfrac{y-l_3\sin u\sin v}{x-l_3\sin u\cos v}\right) \\[3ex]
R = \sqrt{(y-l_3\sin u\sin v)^2+(x-l_3\sin u\cos v)^2}-l_4 \\[2ex]
Z = z-l_3\cos u
\end{array}}$$

Bild 4.12 :   Gleichungen der Rückwärtstransformation für einen fünfachsigen Industrieroboter.

4.5 Kinematisch überbestimmte Systeme

Komplexe Arbeitsaufgaben, wie z.B. das Schweißen oder Beschichten innerhalb von Kraftfahrzeugkarosserien, erfordern eine
große Flexibilität des Industrieroboters, um auch über Hinder-
nisse oder in Hohlräume greifen zu können. Dazu ist es notwendig, daß das HHS mehr Freiheitsgrade aufweist, als für die Bewegung des Werkzeugs eigentlich erforderlich sind / 28 /. Dies
führt dazu, daß z.B. derselbe Raumpunkt mit unterschiedlichen
Achsstellungen des Roboters angefahren werden kann. Zur Steuerung derartig kinematisch überbestimmter Systeme ist jedoch
ein höherer Steuerungsaufwand nötig. Dabei wird der Transformationsalgorithmus in verschiedene Berechnungszweige aufge-
spalten. Diese sind dadurch gekennzeichnet, daß jeweils eine
der Achskoordinaten, die· zur kinematischen Oberbestimmung
führen, auf einem konstanten Wert gehalten wird. Somit ist
die Auflösung des Transformationsgleichungssystems möglich.
Eine steuerungstechnische Lösung ist in / 34 / dargestellt,
weshalb auf eine ausführliche Erläuterung an dieser Stelle
verzichtet wird.

4.6 Führungsgrößenvorgabe beim Erkennen von Unstetigkeitsstellen im Verlauf der Lageführungsgrößen

Auch bei der Darstellung der Rückwärtstransformation über eine geschlossene Lösung treten Stellen im Gleichungssystem auf, an denen eine eindeutige Lösung nicht existiert (vergl. Kap.4.3.6). Beim Durchfahren eines solchen Punktes kann eine sich stetig ändernde Führungsgröße im kartesischen Koordinatensystem Sprünge im Sollwertverlauf der Achskoordinaten des HHS bewirken. Eine sprungförmige Sollwertvorgabe kann von realen Systemen nicht ausgeführt werden. Da das Übertragungsverhalten der Lageregelkreise nicht verzerrungsfrei ist, würde dies zu dynamischen Bahnabweichungen führen (vergl. Kap.3.1).

Eine Verminderung der Bahnverzerrung wird dadurch erreicht, daß eine Rückwirkung des Funktionsverlaufs der Achskoordinaten auf die Führungsgrößenerzeugung im raumfesten bzw. werkstückbezogenen Koordinatensystem stattfindet (Bild 4.13). Ergibt sich nach der Koordinatentransformation für eine Roboterachse ein Funktionsverlauf, der vom realen System ohne große dynamische Bahnabweichungen nicht durchführbar ist, so stellt sich an der Lageregeleinrichtung ein zu großer Schleppabstand ein. Die Überwachunseinrichtung bewirkt ein Anhalten der Interpolation bis der Schleppabstand wieder unter den zulässigen Wert gesunken ist.

Daraus resultiert allerdings eine Verweildauer an einem Unstetigkeitspunkt. Ist dies von der Bearbeitungsaufgabe her nicht zulässig (z.B. beim Schleifen mit flexiblen Schleifwerkzeugen oder beim Lackieren), so gibt es folgende Wege dieses Problem zu umgehen:

- Beschränkung der Arbeitsaufgabe auf einen Teil des Arbeitsraumes, der so ausgewählt wird, daß keine Unstetigkeiten im Arbeitsfeld auftreten.
- Wahl eines HHS mit einer dem Anwendungsfall angepaßten Achskonfiguration.
- Erweiterung des HHS um einen weiteren Freiheitsgrad.

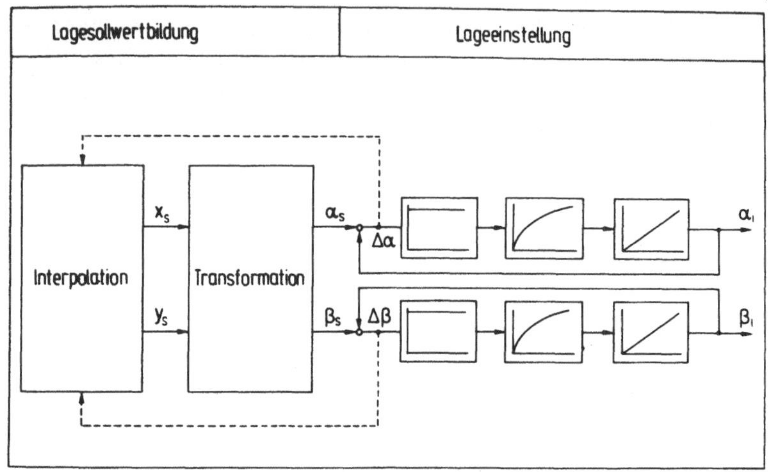

Bild 4.13 : Rückwirkung des Funktionsverlaufs der Achskoordinatenwerte auf die Führungsgrößenerzeugung in
Raumkoordinaten.

4.7 Zusammenfassung der Teilergebnisse und daraus abgeleitete Folgerungen

Die Anpassung des Bewegungsablaufes an die Achskonfiguration
eines Industrieroboters erfolgt durch Koordinatentransformation. Dabei sind sehr umfangreiche arithmetische Operationen
durchzuführen, so daß hohe Anforderungen an die Leistungsfähigkeit der Steuerungsrechner gestellt werden. Ein großer Teil
der Rechenzeit für ein Transformationsprogramm muß zur Berechnung trigonometrischer Funktionen angesetzt werden. Wird dabei
die von der Dynamik der Lageregelkreise zulässige Abtastzeit
überschritten, so läßt sich durch Bestimmung der trigonometrischen Funktionswerte über Tabellen die Berechnungszeit, allerdings auf Kosten des Speicherplatzbedarfs, reduzieren. Deshalb

sollten Neuentwicklungen von Steuerungsrechnern für Industrieroboter so konzipiert werden, daß diese Funktionen hardwaremäßig gelöst werden können.

Wie groß der mathematische Aufwand zur Lösung der Transformationsgleichungen ist, bzw. ob überhaupt eine geschlossene Lösung möglich ist, hängt oft nur von Details im Achsaufbau ab.
Deshalb sollte bereits bei der Konstruktion von Industrierobotern darauf geachtet werden, "transformationsgerechte" Lösungen zu erzielen. Aufgrund der hier erfolgten Untersuchungen
sind transformationsgerechte Lösungen z.B. dadurch gekennzeichnet, daß sich die Drehachsen der Handgelenke in einem
Punkt schneiden. Die Erarbeitung von Richtlinien für den Konstrukteur würde den Rahmen dieser Arbeit übersteigen und sollte Gegenstand weiterer grundlegender Arbeiten sein.

Ist man zur Lösung der Transformationsgleichungen auf numerische Iterationsverfahren angewiesen, so zeigt die kubische
Newtonmethode die besten Konvergenzeigenschaften.

Die Ermittlung der Lagesollwerte über eine Koordinatentransformation ist Grundlage für eine Vereinfachung der Programmierung der Arbeitsaufgabe sowohl auf der Basis einer Fertigungszeichnung als auch On-line am Werkstück. Die Möglichkeiten,
die dadurch gegeben sind, werden im folgenden Abschnitt beschrieben.

5 Erstellung der Bewegungsprogramme

Die Erstellung der Bewegungsprogramme von Industrierobotern
geschieht bis heute zumeist unmittelbar am Einsatzort entweder
mit Hilfe von "Play-back" oder "Teach-in" / 28 /.

Beim "Play-back-Verfahren" wird durch manuelles Führen des HHS
das Bewegungsprogramm dadurch erzeugt, daß zu einem festen
Weg-oder Zeitraster die Istwerte der einzelnen Roboterachsen
abgespeichert werden. Im Automatikbetrieb werden die abgespeicherten Koordinaten als Sollwerte an die Lageregelkreise
ausgegeben. Nachteilig beim Play-back-Verfahren ist, daß eine
spätere Korrektur des Bewegungsprogramms nur unter Schwierigkeiten durchgeführt werden kann und eine Dokumentation kaum
möglich ist.

Dagegen wird beim Programmieren über "Teach-in" der Industrieroboter vom Einrichter mit Hilfe eines Bedienpendels in den
einzelnen Koordinaten bewegt, wobei die angefahrenen Positionen abgespeichert werden können. Zwischen den abgespeicherten
Koordinaten wird die Bahn durch Interpolation erzeugt.

Um den Nachteil der Teach-in-Programmierung, daß das HHS während der Programmierphase nicht produktiv genutzt werden kann,
zu umgehen, werden seit einiger Zeit sog. "Off-line-Program-
mierverfahren" entwickelt, die die Programmierung weitgehend
in die Arbeitsvorbereitung verlagern sollen / 29, 30, 31 /.
Voraussetzung dafür ist, daß die Bewegungsbahn in beschreibbarer Form vorliegt. Da dies nicht immer möglich ist, kann auf
eine "On-line-Programmierung" nicht gänzlich verzichtet werden, so daß dem Teach-in-Verfahren auch weiterhin Bedeutung
zukommt. Bild 5.1 zeigt eine Aufstellung verschiedener Pro-
grammierverfahren für Industrieroboter.

Die Leistungsfähigkeit der Teach-in-Programmierung wird ge-
steigert, wenn zum einen ein effektives Zusammenspiel zwischen
Einrichtbetrieb und Editierbarkeit der Bewegungsprogramme er-

zielt wird / 32 /, zum anderen, wenn die Bewegung des Roboters
in einem für den Programmierer vorstellbaren Koordinatensystem
gesteuert werden kann. Dazu ist es notwendig, daß eine Transformation (vergl. Kap. 4) der vom Programmierer wählbaren Koordinatensysteme in ein- raumfestes kartesisches Koordinatensystem durchgeführt wird.

Bisher realisierte Steuerungen für Industrieroboter ermöglichen dies nur in begrenztem Maße / 31 /. Im folgenden Abschnitt sollen deshalb zum einen Anforderungen an die Beschreibung des Bewegungsablaufs in wählbaren Koordinatensystemen dargestellt, zum anderen Lösungsmöglichkeiten beschrieben
werden.

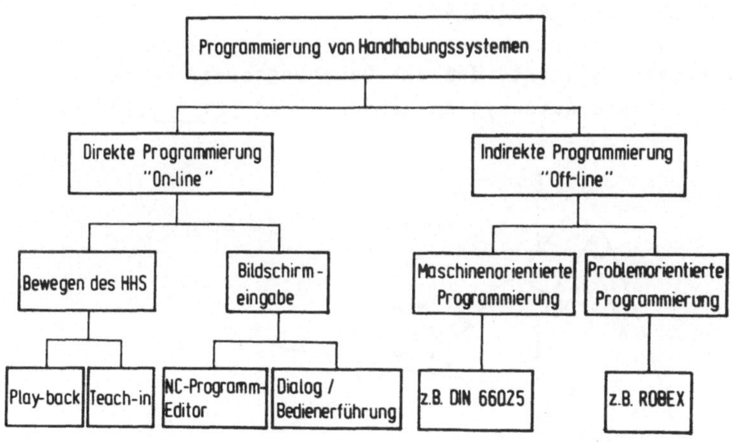

<u>Bild 5.1 :</u> Programmierverfahren für Industrieroboter.

<u>5.1 Variation der Bezugskoordinatensysteme</u>

Die Integration von Industrierobotern in Fertigungszellen und
die übergeordnete Programmierung der Teilsysteme (Industrieroboter, Werkzeugmaschinen) erfordern häufig die Steuerung in

einem gemeinsamen Koordinatensystem. Ebenso ist es bei der On-
line-Programmierung über Teach-in wünschenswert, wenn das Bezugskoordinatensystem gewechselt und an den jeweiligen Ein-
satzfall angepaßt werden kann.

Durch Erweiterung der Transformationsalgorithmen zur Rückwärtstransformation (vergl. Kap.4.3 bzw. 4.4) läßt sich der
Wechsel in verschiedene Bezugskoordinatensysteme einfach realisieren. Als Schnittstelle bietet sich das raumfeste kartesische Koordinatensystem an. Mit den in Kap.4.1 dargestellten
Verfahren werden die Bezugskoordinaten in die raumfesten kartesischen Koordinaten transformiert.

5.1.1 Raumfeste Koordinaten

Der häufigste Fall ist, daß das Bewegungsprogramm auf ein
raumfestes Koordinatensystem bezogen wird (Bild 5.2). Dabei

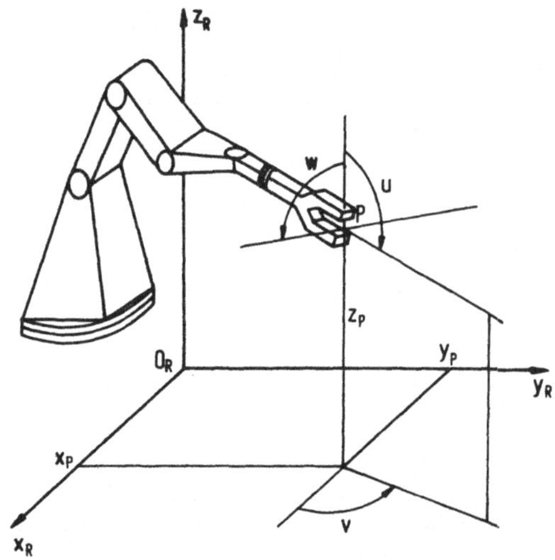

Bild 5.2 : Eingabe des Bewegungsprogrammes in raumfesten kartesischen Koordinaten.

werden die Koordinatenachsen und der Koordinatenursprung im
Raum festgelegt. Für die meisten Anwendungsfälle eignen sich
kartesische Koordinaten. In manchen Fällen können jedoch auch
Zylinderkoordinaten oder Polarkoordinaten zweckmäßig sein.

5.1.2 Werkstückkoordinaten

Wird das Bewegungsprogramm auf ein am Werkstück orientiertes
Koordinatensystem bezogen, so ergibt sich eine Reduzierung des
Programmieraufwandes, wenn gleiche Werkstücke in unterschiedlichen räumlichen Lagen bearbeitet werden sollen. Sind Lage
und Richtung des Werkstückkoordinatensystems bezüglich des
raumfesten Koordinatensystems bekannt, so läßt sich das Werkstückkoordinatensystem durch lineare Verschiebung und an-
schließende Drehung in das raumfeste System überführen (Bild
5.3).

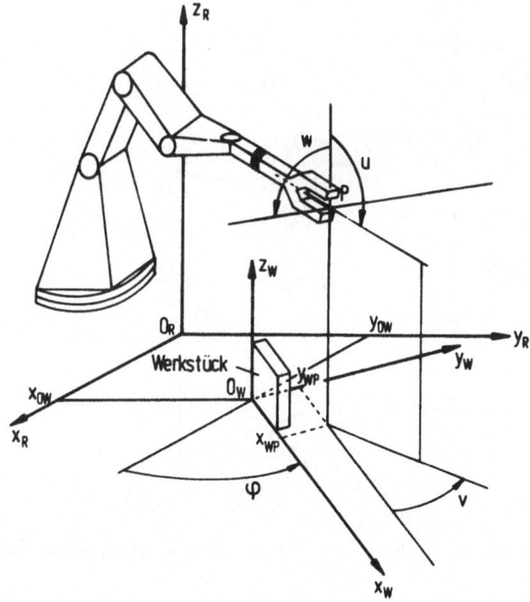

Bild 5.3 : Eingabe des Bewegungsprogrammes in werkstückbezogenen Koordinaten.

5.1.3 Greifer- oder Werkzeugkoordinaten

Die Möglichkeit zur Bewegung des Greifers bzw. des Werkzeugs
in seinen Hauptrichtungen stellt für den Bediener beim Programmieren über Teach-in eine wesentliche Erleichterung dar.
Speziell bei Bearbeitungs- oder Montageaufgaben können auf
einfache Weise Zustellfunktionen bzw. Fügebewegungen programmiert werden (Bild 5.4).

Die Definition der Greiferkoordinaten wird mit Hilfe einer
Drehmatrix $\underline{D}_G$ aus den raumfesten Koordinaten beschrieben:

$$\underline{x}_G = \underline{D}_G \cdot \underline{x}_R \qquad (5.1)$$

wobei sich die Drehmatrix $\underline{D}_G$ aus der Orientierung des Greifers
im raumfesten Koordinatensystem ergibt.

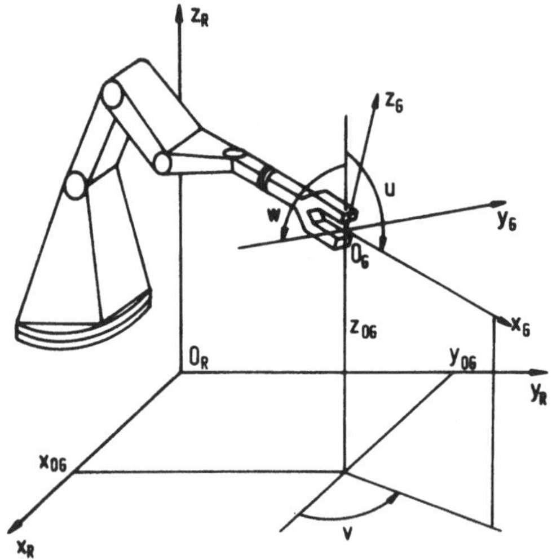

<u>Bild 5.4</u> : Bewegung in Greifer- bzw. Werkzeugkoordinaten.

Die Einführung von Greiferkoordinaten ist auch dann erforderlich, wenn an der Roboterhand ein Sensorsystem zur Lage- oder Kraftmessung angebracht ist. Die einzelnen Meßkomponenten müssen in Abhängigkeit von der Sensororientierung in das raumfeste Koordinatensystem transformiert werden.

Die Realisierung des Greiferkoordinatensystems an einem fünfachsigen HHS zeigt <u>Bild 5.5</u>. Um das Greiferkoordinatensystem eindeutig ausrichten zu können, ist das HHS um einen Freiheitsgrad zu wenig ausgestattet. Deshalb muß die Richtung einer Koordinatenachse des Greiferkoordinatensystems willkürlich festgelegt werden. Im vorliegenden Fall wurde das Greiferkoordinatensystem so gewählt, daß die y_G-Achse parallel zur x-y-Ebene des kartesischen Koordinatensystems liegt.

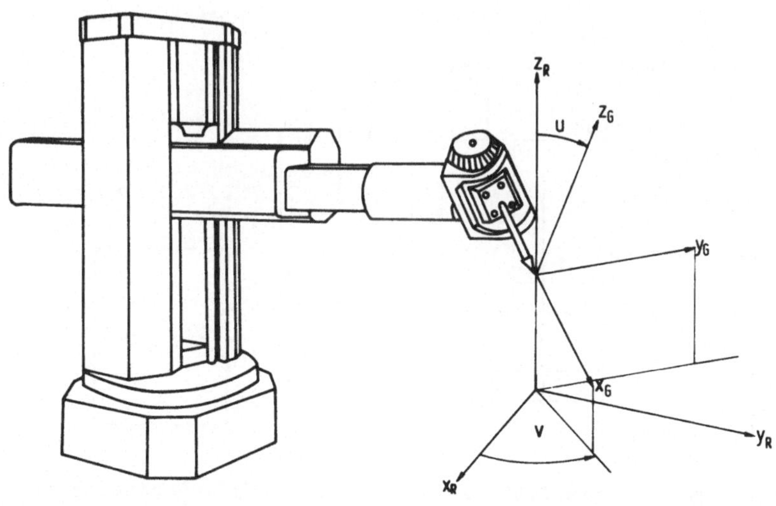

<u>Bild 5.5 :</u> Festlegung des Greiferkoordinatensystems an einem fünfachsigen HHS.

Aus den Richtungswinkeln u und v ergibt sich die Drehmatrix $\underline{D}_G$ zu

$$\underline{D}_G = \begin{pmatrix} sinu \cdot cosv & -sinv & -cosu \cdot cosv \\ sinu \cdot sinv & cosv & -cosu \cdot sinv \\ cosu & 0 & sinu \end{pmatrix} \qquad (5.2)$$

In **Bild 5.6** ist der Signalfluß bei der Führungsgrößenerzeugung im Greiferkoordinatensystem dargestellt. Die aus den Greiferkoordinaten berechneten kartesischen Weginkremente werden den kartesischen Raumkoordinaten überlagert um den Wert

$$\Delta x = (\Delta x_G \cdot sinu - \Delta z_G \cdot cosu) \cdot cosv - \Delta y_G \cdot sinv$$
$$\Delta y = (\Delta x_G \cdot sinu - \Delta z_G \cdot cosu) \cdot sinv + \Delta y_G \cdot cosv \qquad (5.3)$$
$$\Delta z = \Delta x_G \cdot cosu + \Delta z_G \cdot sinu$$

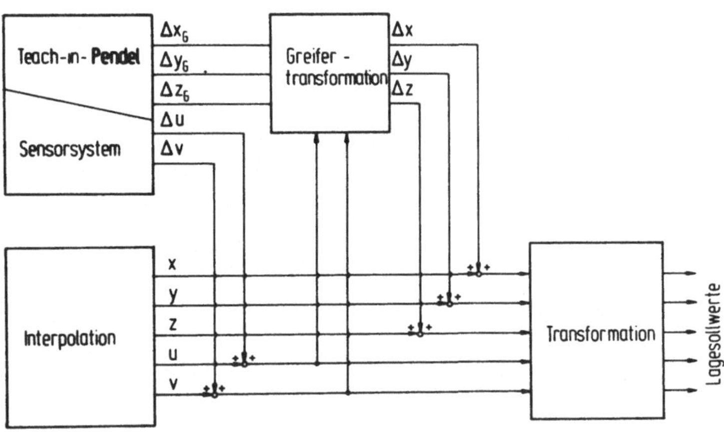

Bild 5.6 : Signalfluß bei der Führungsgrößenerzeugung im Greiferkoordinatensystem.

5.1.4 Achskoordinaten

Zweideutigkeiten der Achspositionen für ein und denselben
Werkzeugvektor / 5, 33 / sowie Begrenzungen der Verfahrberei-
che der einzelnen Achsen des HHS führen zur Forderung, daß die
Interpolation auch im Achskoordinatensystem des Industrieroboters, d.h. ohne Koordinatentransformation, möglich sein muß,
um so die Roboterachsen in bestimmte Ausgangslagen zu steuern.
Ein automatischer Wechsel der Achspositionen in der Steuerung
ist zwar möglich aber nicht sinnvoll, da bei Erreichen der
Verfahrgrenzen in den betreffenden Achsen Sprünge im Sollwertverlauf auftreten würden. Besser ist es, der Programmierer
legt, wenn das Werkzeug nicht im Eingriff ist, fest, wann in
eine neue Ausgangslage gewechselt werden soll. Das Umschalten
auf die Bewegung im Achskoordinatensystem erfolgt durch Eingabe einer Wegbedingung (G-Funktion) im Bewegungsprogramm.

Für die Bahnerzeugung genügt die Linearinterpolation. Interpolationsverfahren höherer Ordnung (z.B. Zirkularinterpolation)
sind nicht sinnvoll, da bei der Oberlagerung von Rotationsachsen ohnehin kein direkter Zusammenhang zwischen Interpolationsart und erzeugter Bahn besteht.

5.2 Änderung der Werkzeugparameter

Werkzeugparameter, wie z.B. ein veränderter Werkzeugeingriffspunkt durch variable Werkzeuglänge oder variable Werkzeugauf-
nahme, werden in den Transformationsalgorithmen bereits mit berücksichtigt. Dies bedeutet, daß bei Parameteränderungen kein
zusätzlicher Rechenaufwand entsteht.

Ein praktisches Beispiel für einen "variablen Werkzeugeingriffspunkt" zeigt Bild 5.7. Das HHS ist an der Greiferhand
zusätzlich mit einer Meßeinrichtung ausgerüstet, die alternie-
rend zum Werkzeug in Eingriff gebracht werden soll.

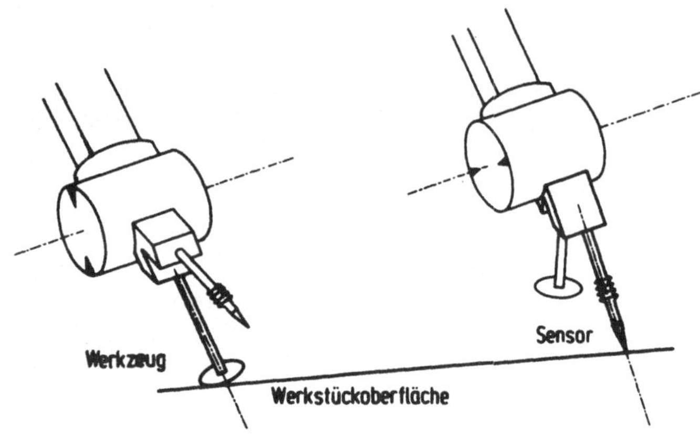

Bild 5.7 : Bahnbewegung im Werkzeug- oder Sensorkoordinaten-
system.

Durch Umschalten zwischen Werkzeugkoordinatensystem und Sen-
sorkoordinatensystem wird mit demselben NC-Programm wahlweise
entweder die Werkzeugspitze oder die Sensorspitze auf der gewünschten Bahn geführt. Der Wechsel der Koordinatensysteme
wird durch einen veränderten Parametersatz bewirkt und durch
Eingabe einer Wegbedingung (G-Funktion) im NC-Satz gesteuert.

5.3 Bandsynchronisation mit geometrischem Zusammenhang

Industrieroboter müssen oft zu der Bewegung von Transportsy-
stemen synchronisiert werden. Das bedeutet, daß das Bewegungsprogramm auf ein mit dem Transportsystem gekoppelten Werkstückkoordinatensystem bezogen wird (**Bild 5.8**).

Den im Werkstückkoordinatensystem interpolierten Koordinaten-
werten wird die aktuelle Verschiebung des Koordinatenursprungs
überlagert, die aus der Meßsysteminformation des Transportsy-

stems abgeleitet wird. Die dadurch entstehenden absoluten
Raumkoordinaten sind die Eingangsgrößen für die Rückwärts-
transformation, die daraus die Lagesollwerte für die einzelnen
Lageregelkreise des HHS berechnet.

Die ortsfesten Raumkoordinaten sind dann definiert zu

$$\underline{x}_R = \underline{x}_W + \underline{x}_T(t) \tag{5.4}$$

Somit wird während der Synchronisation der Roboter dem beweg-
ten Werkstück nachgeführt. Die Synchronisation kann durch ein
Steuerzeichen im Bewegungsprogramm eingeleitet werden. Der
Funktionsverlauf der ortsfesten Raumkoordinaten zum Synchronisationszeitpunkt T_S ist

$$\begin{aligned}
\underline{x}_R &= \underline{x}_W & \text{für } t < T_S \\
\underline{x}_R &= \underline{x}_W + \underline{x}_T(t) & \text{für } t > T_S
\end{aligned} \tag{5.5}$$

Dies bedeutet eine sprungförmige Änderung der Raumkoordinaten
zum Synchronisationszeitpunkt T_S. In der Praxis muß deshalb
zum Synchronisationszeitpunkt die Roboterbewegung an die aktuelle Werkstückposition kontinuierlich angeglichen werden.
Dies geschieht mit einer fest eingestellten Synchronisations-
geschwindigkeit.

Die Programmierung über Teach-in erfolgt am stehenden Band.
Die abzuspeichernden Koordinaten werden bereits als werkstück-
bezogene Koordinaten abgelegt zu

$$\underline{x}_W = \underline{x}_R - \underline{x}_T \tag{5.6}$$

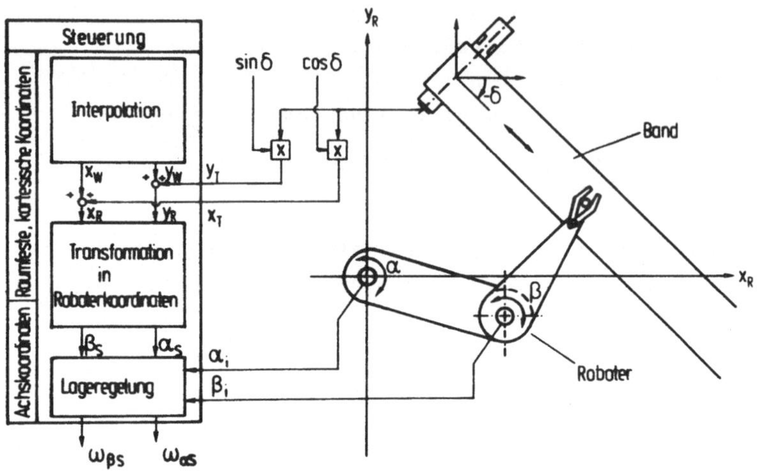

Bild 5.8 : Bandsynchronisation mit geometrischem Zusammenhang.

6 Optimierung der Führungsgrößenerzeugung bei der Realisierung einer Roboter-CNC

Die in der vorliegenden Arbeit dargestellten Algorithmen wurden beim Aufbau einer CNC für einen fünfachsigen Industrieroboter in die Steuerungssoftware implementiert und die Einhaltung der zeitlichen Anforderungen überprüft. **Bild 6.1** zeigt die Softwarestruktur der CNC.

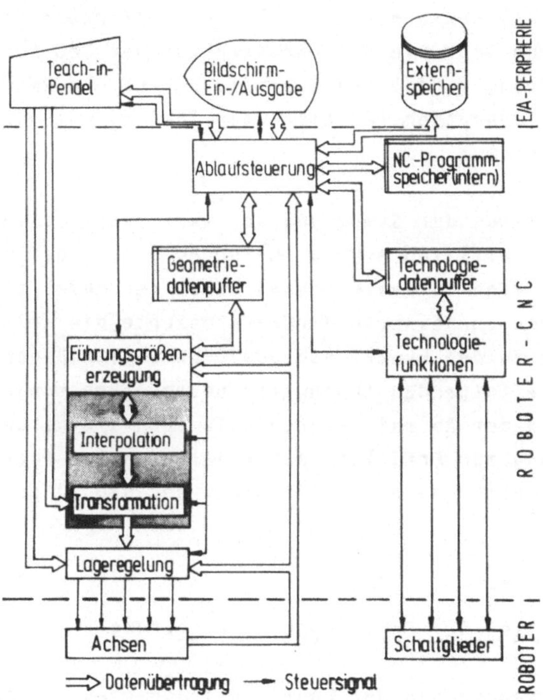

Bild 6.1 : Softwarestruktur einer Bahnsteuerung (CNC) für Industrieroboter.

Der Steuerungsrechner ist ein 16-bit-Prozeßrechner mit Gleitkomma-Arithmetik und einem Arbeitsspeicher von 64 kbyte. Über
Bildschirm-Eingabe ist die Betriebsartenwahl (Automatik-, Zyk-
lus-, Einzelsatz- oder Teach-in-Betrieb) und die NC-Programm-
erstellung mit Hilfe eines Editorprogramms möglich. Mit einem
Handbedien- und Programmiergerät kann das HHS verfahren und
über Teach-in programmiert werden. Dabei sind sowohl das An-
steuern der einzelnen Achsen, d.h. die Bewegung in Achskoordinaten (Kap.5.1.4), als auch die Bahnbewegung des Werkzeugs
oder Greifers in einem raumfesten kartesischen Koordinatensystem (Kap.5.1.1) sowie die Bewegung in Greiferkoordinaten
(Kap.5.1.3) möglich. Die Softwarestruktur der CNC zeigt einen
modularen Aufbau, so daß bei Übertragung auf ein HHS mit an-
derer Achskonfiguration lediglich der Transformationsblock
geändert werden muß.

Bei der Erstellung der Steuerungssoftware lassen sich zum einen durch eine effiziente Programmierung der Algorithmen, zum
anderen durch eine optimale Organisation der Ablaufsteuerung
aber auch durch verbesserte Hardwarekonzepte die zeitlichen
Anforderungen an den Funktionsblock "Führungsgrößenerzeugung"
einhalten. Die folgenden Abschnitte beschreiben sowohl die Umstrukturierung der Ablaufsteuerung als auch die hardwaremäßige
Aufgabenteilung zur Erfüllung der zeitlichen Anforderungen und
die daraus resultierenden Auswirkungen auf die Führungsgrößenerzeugung.

6.1 Organisation der Führungsgrößenerzeugung

Bei der Implementierung der Führungsgrößenerzeugung im Steuerungsrechner wird die Interpolation in zwei Berechnungsblöcke
aufgeteilt:

Die "Interpolationsvorbereitung" berechnet die für einen Interpolationsabschnitt (z.B. bei Linearinterpolation zwischen
zwei Stützpunkten) konstanten Größen und wird nur einmal pro

Abschnitt durchlaufen. Aufgabe der Interpolationsvorbereitung
ist im wesentlichen die Berechnung der Schrittweite pro Interpolationstakt aus der vorgegebenen Bahngeschwindigkeit
(z.B. Abschnitt 2.2, Gl.2.3 bis 2.4). Außerdem gehört zu diesem Vorbereitungsblock die eigentliche NC-Satzvorbereitung,
in der weitere Informationen im NC-Satz, wie Wegbedingungen
und Hilfsfunktionen, interpretiert, decodiert und verarbeitet
werden.

Aus den von der Interpolationsvorbereitung bereitgestellten
Werten berechnet die "Interpolationsrekursion" zu jedem Zeittakt neue Bahnzwischenpunkte, die dann mit Hilfe des Funktionsblocks "Transformation" in die Achskoordinaten des Roboters umgerechnet werden. Im weiteren Signalverlauf werden die
berechneten Achskoordinatenwerte als Lagesollwerte an das Programm "Lageregelung" übergeben, das daraus zusammen mit den
Lageistgrößen die Stellsignale für die einzelnen Achsen erzeugt.

6.1.1 Wechsel zwischen Vorbereitungs- und Rekursionsphase

Der aus regelungstechnischen Gesichtspunkten entstandenen
Forderung nach einer möglichst kleinen Taktzeit / 3 / steht
die Notwendigkeit eines genügend großen Zeitintervalls zur Abarbeitung der erforderlichen Aufgaben entgegen. Die hierfür
benötigte Zeit setzt sich bei der ausgeführten Lösung aus der
Rechenzeit der taktgebundenen Programme "Interpolation",
"Transformation" und "Lageregelung" zusammen. Wird bei der
Interpolation sowohl der Vorbereitungs- als auch der Rekur-
sionsteil innerhalb eines Zeitintervalls durchgeführt, so
zeigt sich nach Bild 6.2, daß das Zeitraster während eines
Interpolationsabschnittes nur einmal voll ausgenützt wird.

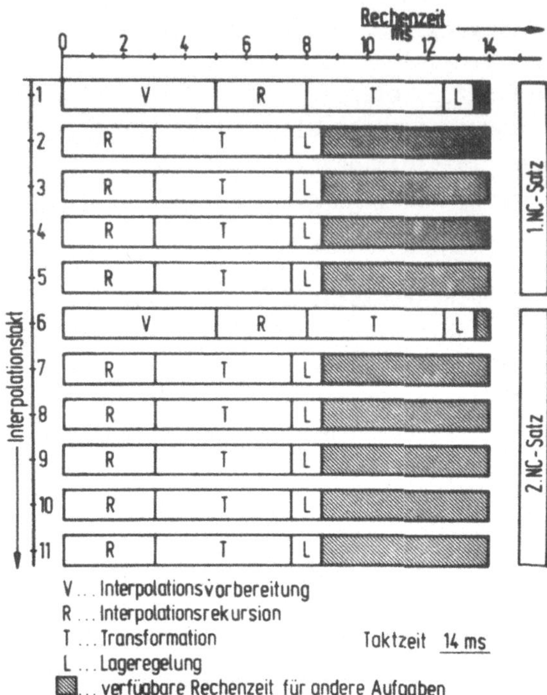

Bild 6.2 : Aufteilung des Interpolationsrasters bei Abarbeitung der Vorbereitungs- und Rekursionsphase im gleichen Zeittakt.

Zur Verkürzung der Taktzeit kann deshalb der Vorbereitungsteil in ein separates Zeitintervall vorgezogen und in den folgenden Takten ausschließlich die Bewegungsprogramme "Rekursion", "Transformation" und "Lageregelung" abgearbeitet werden. Auf diese Weise läßt sich die Taktzeit auf die längste der beiden Phasen reduzieren (**Bild 6.3**).

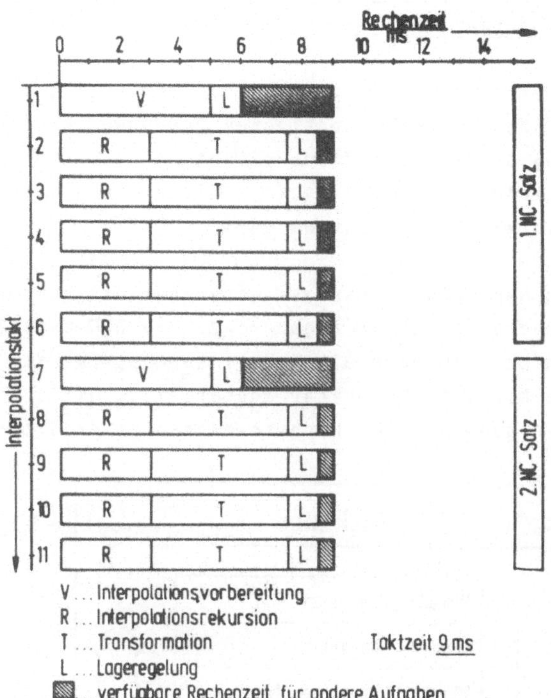

Bild 6.3 : Aufteilung des Zeitrasters für die Führungsgrößenerzeugung bei Abarbeitung der Vorbereitungs- und
Rekursionsphase in getrennten Zeittakten.

Diese Vorgehensweise führt jedoch dazu, daß beim Abarbeiten
eines NC-Programms vor jeden neuen Bahnabschnitt ein Interpolationstakt für die Vorbereitung eingefügt wird. Dadurch werden über den Verlauf eines zusätzlichen Zeittaktes die Füh-
rungsgrößen konstant gehalten. Daraus resultieren insbesondere
bei zeitlich dicht zusammenliegenden Bahnstützpunkten Schwingungen im Führungsgrößenverlauf. Dieser Nachteil wurde durch
eine geeignete CNC-Organisation umgangen, die im folgenden beschrieben ist.

6.1.2 Verbesserung des Führungsgrößenverlaufs durch Multi-taskverwaltung

Aufgrund der oben geschilderten Probleme stellt sich die Aufgabe, daß während des eigentlichen Bewegungsvorgangs (Rekursionsphase) bereits die Vorbereitung des nächsten Bahnabschnittes erfolgen muß. Dies kann mit Hilfe einer sogenannten Multitaskverwaltung gelöst werden.

Dabei wird der Rekursionsphase gegenüber der Vorbereitungsphase eine höhere Priorität zugeordnet. Die CNC-Organisation arbeitet nun so, daß nach einem Uhrinterrupt zuerst die Aufgabe (Task) mit höchster Priorität abgearbeitet wird. Erst danach wird die Aufgabe mit der nächstniederen Priorität ausgeführt.

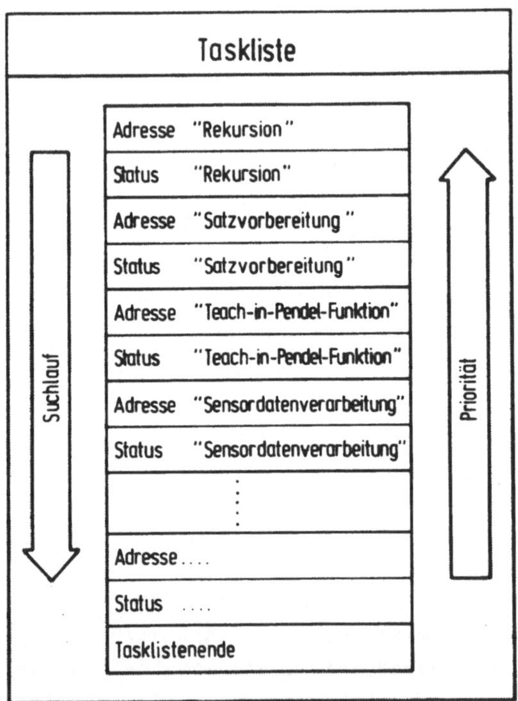

Bild 6.4 : Aufbau der Taskliste.

Niederpriore Aufgaben können von solchen mit höherer Priorität
unterbrochen werden und werden erst nach deren Abarbeitung an
der Unterbrechungsstelle fortgesetzt.

Die Priorität wird durch die Anordnung der Tasks in einer
Taskliste festgelegt (Bild 6.4).

Den einzelnen Aufgaben werden Statusanzeigen zugeordnet, aus
denen ersichtlich wird, ob eine Task ruhend, aktiviert oder
gerade unterbrochen ist. Den Ablauf der Multitaskverwaltung
zeigt Bild 6.5. Die Taskliste wird zu jedem Zeittakt vom sogenannten Taskmonitor von oben nach unten durchgesucht, wobei
der Status der einzelnen Aufgaben geprüft wird. Wird eine ak-
tivierte Task vorgefunden, so wird mit deren Abarbeitung be-

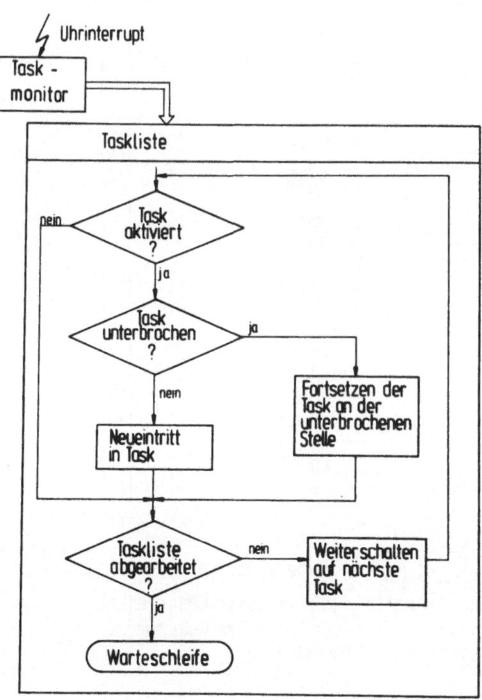

Bild 6.5 :   Ablauf der Multitaskverwaltung.

gonnen. Ist eine Aufgabe durchgeführt, wird die Taskliste weiter durchsucht. Kommt ein neuer Uhrinterrupt bevor eine Task
abgearbeitet ist, so wird diese unterbrochen und der Suchlauf
durch die Taskliste neu gestartet. Eine als unterbrochen er-
kannte Task wird an der Unterbrechungsstelle fortgesetzt.

Der Zeittakt wird etwas größer gewählt, als er für die Abarbeitung der Bewegungsprogramme benötigt wird. In der verblei-
benden Zeit wird bei jedem Takt ein Teil der Vorbereitung des
nachfolgenden Bahnabschnittes durchgeführt. Nach mehreren In-
terpolationstakten ist dadurch die Vorbereitung des nachfolgenden Abschnittes abgeschlossen, so daß dieser im Anschluß an

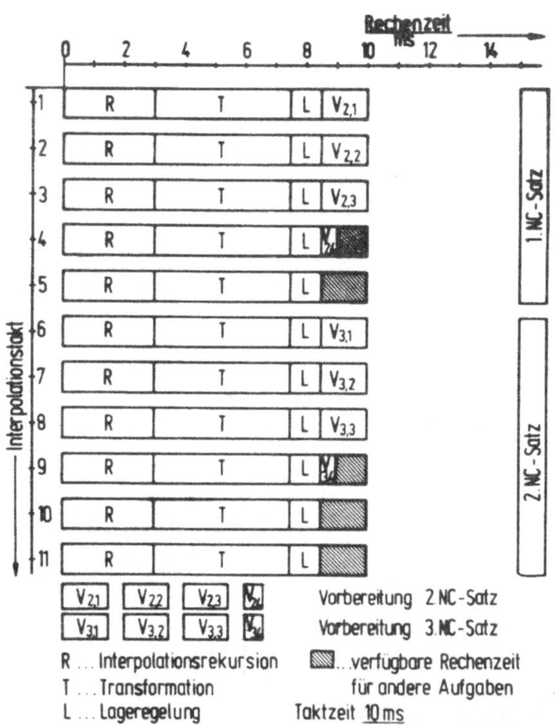

Bild 6.6 : Auslastung des Zeitrasters für die Führungsgrößenerzeugung bei der Multitaskverwaltung.

den aktuellen Bahnabschnitt ohne Zwischenhalt abgefahren werden kann (Bild 6.6).

Aus Bild 6.6 wird ersichtlich, daß die minimale Taktzeit lediglich durch die Rechenzeit für Interpolationsrekursion,
Transformation und Lageregelung festgelegt wird. Die Vorbereitungsphase kann insgesamt auch länger als ein Interpolationstakt dauern.

6.1.3 Einfluß der Multitaskverwaltung auf die Koordinaten-transformation

Die Multitaskverwaltung führt einerseits zu einer Verbesserung
der Führungsgrößenvorgabe durch kontinuierliche Obergänge zwischen den einzelnen Bahnabschnitten, andererseits erhöht sich
jedoch der organisatorische Aufwand stark. Dies ist insbesondere dann der Fall, wenn bei der Bahnbewegung die Möglichkeit
besteht, abschnittweise das Bezugskoordinatensystem zu wech-
seln (vergl. Kap.5.1). Dabei ist die Interpolation im jeweils
aktuellen Koordinatensystem durchzuführen.

Während der Zielwert eines Bahnabschnittes im gewählten Koordinatensystem programmiert ist, muß der Startwert der Bewegung aus den Achskoordinaten des HHS mit der für diesen Bahnabschnitt gültigen Vorwärtstransformation in das aktuelle Koordinatensystem transformiert werden. Bei der Multitaskverwaltung muß der Startwert des vorzubereitenden nächsten Bahnabschnittes bereits vorliegen, bevor die Lagesollwerte im Achskoordinatensystem diesen Punkt erreicht haben. Deshalb muß der
Zielwert des aktuellen Bahnabschnittes mit der aktuellen Rückwärtstransformation erst in die Achskoordinaten des HHS umgerechnet werden, bevor für den vorzubereitenden nachfolgenden
Bahnabschnitt mit der dafür gültigen Vorwärtstransformation
der Startwert berechnet wird (Bild 6.7).

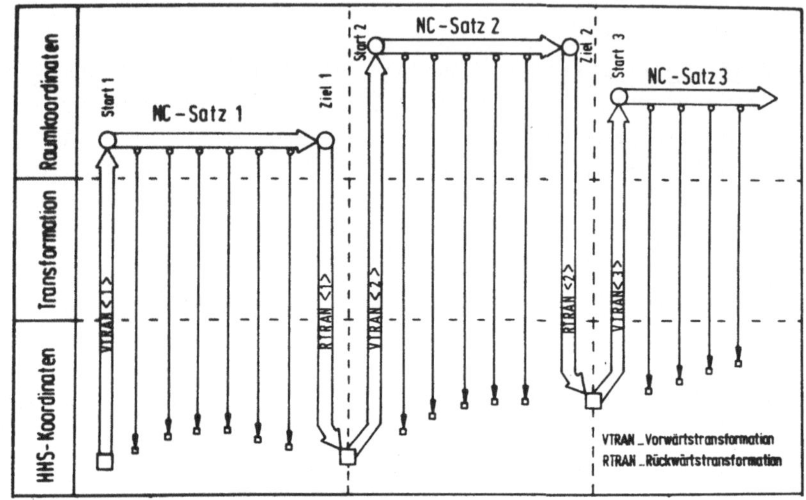

Bild 6.7 : Koordinatentransformation bei Multitaskverwaltung.

6.2 Reduzierung der Taktzeit durch ein Mehrprozessorsystem

Hardwaremäßig läßt sich die Taktzeit durch eine Aufgabenteilung mit Hilfe einer Mehrprozessorlösung verringern. Die zeitliche Untersuchung des Funktionsblocks "Führungsgrößenerzeugung" zeigt, daß ca. 45% der Rechenzeit von der Koordinatentransformation benötigt werden. Dies ist darauf zurückzuführen,
daß bei der Transformation in großem Umfang trigonometrische
Funktionen berechnet werden müssen.

Während bei HHS mit überwiegend linearem Achsaufbau die Anzahl
der zu berechnenden Winkelfunktionen gering ist, nimmt sie bei
Geräten in Gelenkbauweise stark zu. Da sich diese Funktionen
im eingesetzten Steuerungsrechner hardwaremäßig nicht lösen
lassen, müssen sie auf geeignete arithmetische Operationen und

logische Verknüpfungen zurückgeführt werden (siehe Abschnitt 4.2).

6.2.1 Konzept und Realisierung einer Mehrprozessorlösung

Der Einsatz spezieller Arithmetikprozessoren erweist sich im vorliegenden Anwendungsfall als nicht geeignet. Eine Untersuchung von am Markt erhältlichen Arithmetikprozessoren zeigt, daß sie gegenüber der Softwarelösung auf dem eingesetzten Steuerungsrechner erheblich größere Befehlsausführungszeiten aufweisen. Selbst unter der Voraussetzung, pro durchzuführender trigonometrischer Funktion des Transformationsprogrammes einen Arithmetikprozessor einzusetzen (<u>Bild 6.8</u>), ergibt sich aus der Analyse der Programmausführungszeiten an diesem System lediglich eine Zeiteinsparung von 10% gegenüber der Einprozessorlösung.

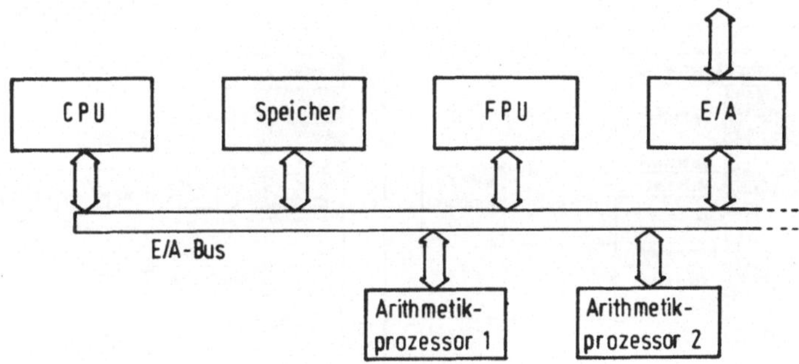

CPU   Central Processing Unit (Zentrale Recheneinheit)
FPU   Floating Point Unit (Gleitkomma-Arithmetik)
E/A   Ein-/Ausgabe

<u>Bild 6.8</u> : Kopplung des Steuerungsrechners mit Arithmetikprozessoren.

Eine Analyse des Berechnungsprogrammes für die Koordinatentransformation des fünfachsigen HHS nach <u>Bild 4.3</u> zeigt, daß nur in begrenztem Maße zeitliche Oberlappungen in der Steue-

rungssoftware möglich sind. Ansonsten wartet der Steuerungsrechner, bis der Funktionswert vom Arithmetikprozessor bereit-
gestellt ist (Bild 6.9).

Deshalb ist es notwendig, durch Umstrukturierung des Rechenab-
laufs die Berechnung der trigonometrischen Funktionen von der
restlichen Transformation zeitlich zu entkoppeln. Dazu werden
die Transformationsalgorithmen aus Bild 4.12 näher betrachtet:

Zur Durchführung der Rückwärtstransformation ist die Berechnung der Sinus- und Kosinusfunktionen der beiden Orientie-
rungswinkel u und v erforderlich. Nach mehreren additiven und
multiplikativen Verknüpfungen werden über inverse trigonometrische Funktionen und Wurzelfunktionen die Achskoordinatenwerte des HHS ermittelt. Die Berechnung der Sinus- und Kosinusfunktionen erfordert ca. 25% der Gesamtrechenzeit (4,5 ms)
für die Rückwärtstransformation.

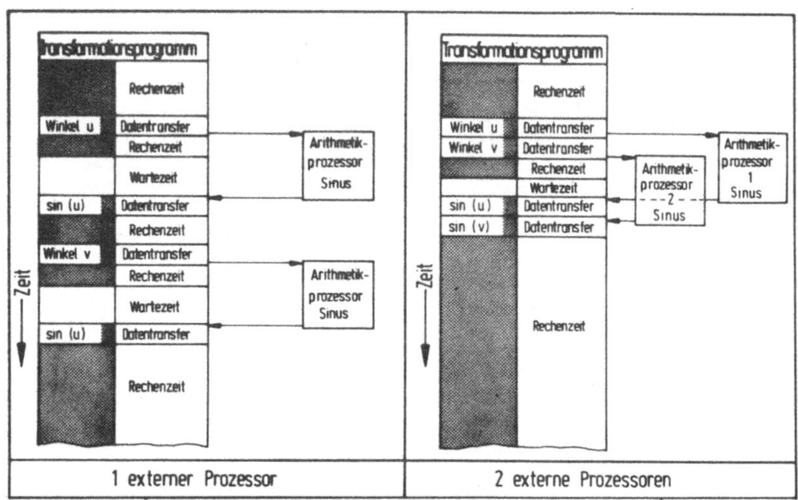

Bild 6.9 : Programmablauf der Transformation bei externer
Sinusberechnung.

Wird nun ein Teil der Koordinatentransformation gegenüber der
Berechnung der trigonometrischen Funktionswerte um einen Interpolationstakt versetzt, so läßt sich die Taktzeit in diesem
Fall immerhin um 10% reduzieren. Die Organisation der Führungsgrößenerzeugung zeigt Bild 6.10.

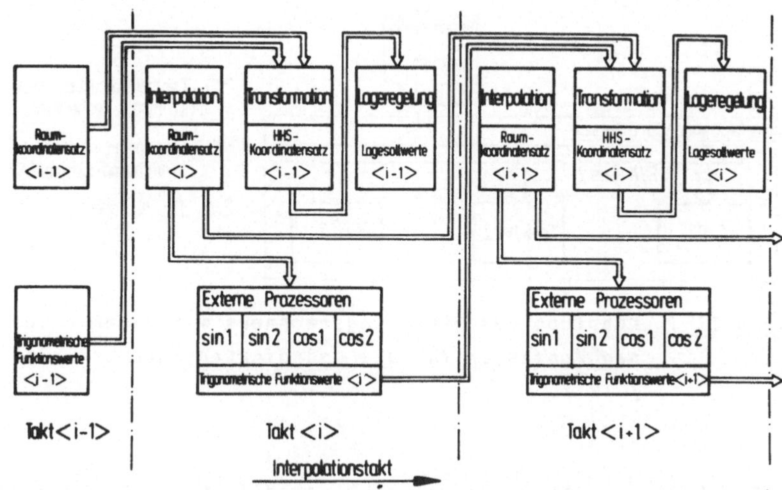

Bild 6.10 : Organisation der Führungsgrößenerzeugung bei der
Berechnung trigonometrischer Funktionen über ex-
terne Prozessoren.

Aus dieser Organisationsstruktur ergibt sich ein Steuerungs-
konzept, bei dem die gesamte Koordinatentransformation auf
einen externen Prozessor ausgelagert wird. Der sogenannte
Transformationsprozessor wird aufgrund der umfangreichen
arithmetischen Operationen und der geforderten Genauigkeit mit
Gleitkomma-Arithmetik versehen (Bild 6.11).

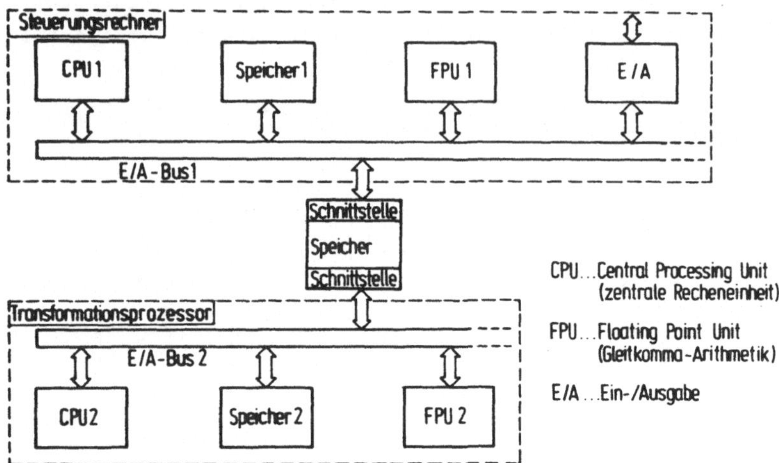

Bild 6.11 : Kopplung des Steuerungsrechners mit einem externen Prozessor für die Koordinatentransformation / 12 /.

Die Struktur der CNC-Organisation zeigt **Bild 6.12**. Der von der Interpolation bereitgestellte kartesische Koordinatensatz wird während des Interpolationstaktes i vom Steuerungsrechner an den parallel arbeitenden Transformationsprozessor übergeben. Nach Obernahme der Daten beginnt dieser selbständig mit der Koordinatentransformation und stellt die in das Achskoordinatensystem des HHS umgerechneten Koordinaten bereit. Während des Taktes i+1 übernimmt der Steuerungsrechner diese, gibt sie an die Lageregelung weiter und versorgt gleichzeitig den Transformationsprozessor wieder mit neuen kartesischen Koordinaten.

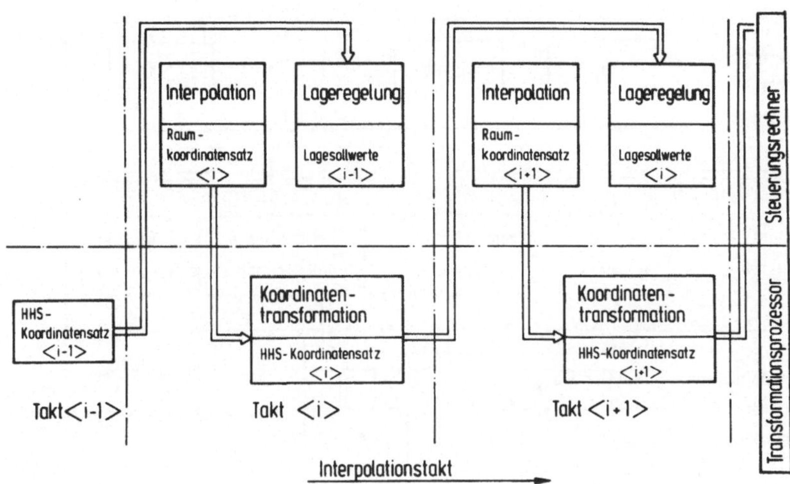

Bild 6.12 :   Organisation der Führungsgrößenerzeugung bei Auslagerung der Koordinatentransformation auf einen
externen Prozessor

Die Schnittstelle zwischen beiden Rechnern bildet ein Koppel-
baustein, der die Datenübertragung in beiden Richtungen ermöglicht (**Bild 6.13**). Mit diesem Baustein wird eine Verbindung
zwischen den Ein-/Ausgabebussen beider Rechner hergestellt.
Die zu übertragende Datenmenge und die Obertragungsrichtung
werden softwaremäßig festgelegt. Die Obertragungsgeschwindig-
keit zwischen den Rechnern beträgt ca. 1,6 Mbaud. Durch die
Auslagerung der Koordinatentransformation läßt sich, wie aus
den Rechenzeiten der einzelnen Funktionsblöcke abgeleitet werden kann, für die in **Bild 4.3** dargestellte Roboterkonfigura-
tion die Taktzeit um etwa 40% reduzieren.

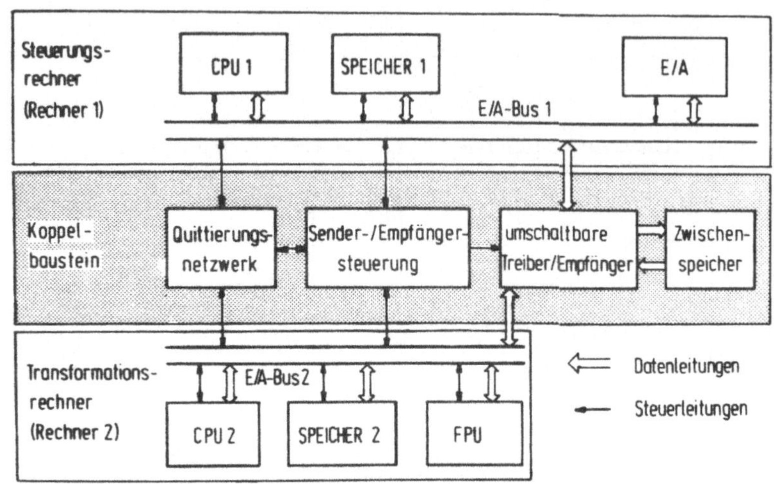

Bild 6.13 : Blockschaltbild der Rechnerkopplung.

6.3 Überprüfung der durch die Führungsgrößenerzeugung erreichbaren Bahngenauigkeit und Bewertung der Ergebnisse

Mit dem HHS nach **Bild 4.3** wurden Bahnen, die im raumfesten kartesischen Koordinatensystem beschrieben sind, gefahren. Als Hardwarestruktur der Roboter-CNC wurde eine Einprozessorlösung gewählt. Die Organisation der Ablaufsteuerung erfolgt über Multitaskverwaltung (Kap.6.1.2). Die Berechnung der Lagesollwerte aus vorgegebenen raumfesten kartesischen Koordinaten (Rückwärtstransformation) ist über die geschlossene Lösung möglich (Kap.4.4). Über Wegbedingungen kann in die in Kap.5 beschriebenen Bezugskoordinatensysteme gewechselt werden. Zum Abfahren der Testbahnen kamen die Verfahren zur Linear- (Kap.2.2.1) und Zirkularinterpolation (Kap.2.2.3) zur Anwendung. Dazu wurde ein schief im Raum liegendes Dreieck programmiert (**Bild 6.14**). Die Eckpunkte des Dreiecks wurden mit definierter Werkzeugvektorrichtung über Teach-in eingegeben. Zwischen den Eckpunkten wurde linear interpoliert, d.h. der Werkzeugeingriffspunkt wurde auf einer räumlichen Geraden geführt.

Bild 6.14 :   Vorgegebene Bahn im raumfesten kartesischen Koor-
              dinatensystem.

In Bild 6.15 ist der Sollwertverlauf der einzelnen Achsen des
HHS dargestellt. Der Funktionsverlauf ist für dieses Program-
mierbeispiel besonders in der translatorischen Radialachse (R-
Achse) und in den beiden rotatorischen Handachsen (D- und P-
Achse) stark nichtlinear. Mit einer konventionellen Werkzeug-
maschinensteuerung mit linearer Interpolation im Achskoordinatensystem würde sich rein rechnerisch ein kinematischer Fehler
von F_{kin}>100 mm ergeben.

Die von der Steuerung erreichbare Genauigkeit kann dadurch ermittelt werden, daß die von der Führungsgrößenerzeugung berechneten Lagesollwerte der einzelnen Roboterachsen in raumfeste kartesische Koordinaten transformiert werden. Durch Vergleich mit der im kartesischen Koordinatensystem vorgegebenen
Sollbahn kann die Bahngenauigkeit abgeleitet werden. Bei der
ausgeführten Lösung wird eine von der Steuerung verursachte
Bahnabweichung von weniger als 0,01 mm gemessen.

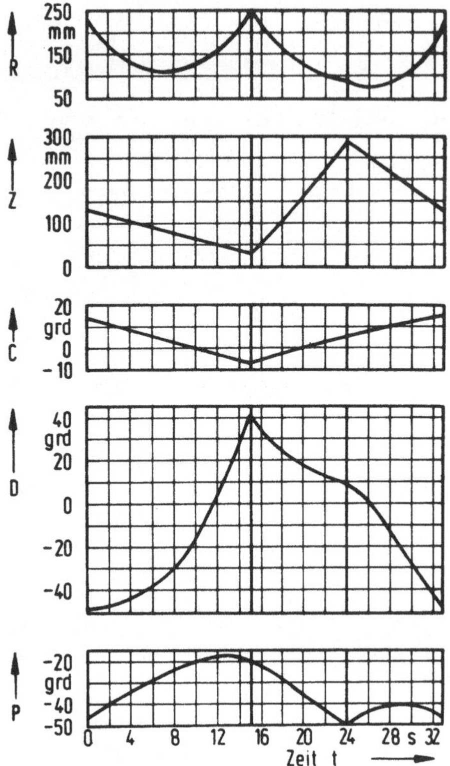

Bild 6.15 : Lagesollwertverlauf der Achsen eines fünfachsigen HHS beim Fahren einer Testbahn / 11 /.

Für die Darstellung des Bewegungsablaufs in einem raumfesten kartesischen Koordinatensystem wird als Bahn ein Quadrat in der x-y-Ebene dieses Koordinatensystems vorgegeben. Zur Demonstration der Bahnerzeugung mit Kreisinterpolation wird über die Eckpunkte des Quadrats ein Vollkreis beschrieben (Bild 6.17). Die Möglichkeit der Steuerung, sowohl im raumfesten kartesischen Koordinatensystem (G70) als auch in den Achskoordinaten des Roboters (G71) interpolieren zu können (vergl.

Kap.5.1.4),gestattet den Vergleich zur konventionellen WZM-
Steuerung ohne Koordinatentransformation. <u>Bild 6.16</u> zeigt das
Bewegungsgramm. Die Bahngeschwindigkeit wurde mit 50 mm/s re-
lativ klein gewählt, um den Einfluß der schwingungsfähigen
Mechanik zu reduzieren.

N1 X-460 Y-280 Z-400 U180 V0 F100 G70	N1
N2 Z-412 F50	N2 ←— Punkt P1
N3 X-380 Y-360 G01	N3 ←— Linearinterpolation zu P2
N4 X-300 Y-280	N4 ←— zu P3
N5 X-380 Y-200	N5 ←— zu P4
N6 X-460 Y-280	N6 ←— zu P1
N7 X-380 Y-360 G02	N7 ←— Zirkularinterpolation über P2
N8 X-300 Y-280	N8 ←— zu P3
N9 X-380 Y-200	N9 ←— über P4
N10 X-460 Y-280	N10 ←— zu P1
N11 Z-400 G01	N11
N12 X-380 Y-420 F100	N12 ←— Punkt P5
N13 Z-412 F50 G01	N13 ←— Linearinterpolation in Raumkoordinaten
N14 Y-140	N14 ←— zu P6
N15 Y-420 G71	N15 ←— Interpolation in Achskoordinaten zu P5
N16 Z-400 G70	N16

<u>Bild 6.16</u> :   Bewegungsprogramm zum Abfahren einer Testbahn
                (P1...P5 siehe Bild 6.17).

Mit Hilfe eines an der Hand des HHS befestigten Zeichenstifts
wird die Istbahn auf eine Tafel gezeichnet. Der Verlauf der
Istbahn in <u>Bild 6.17</u> zeigt, daß von der Führungsgrößenerzeugung die Bahn ausreichend genau beschrieben wird. Bei der gewählten Bahngeschwindigkeit und einer Taktzeit von 10 ms beträgt der räumliche Abstand der interpolierten Bahnpunkte
0,5 mm.

Schwingungen im Bahnverlauf resultieren aus der mechanischen
Nachgiebigkeit des Systems. An den Eckpunkten ist der Einfluß
des Schleppabstandes auf die Bahngenauigkeit zu sehen (vergl.
Kap.3.2).

Die Bahn zwischen den Punkten P_5 und P_6 wird einmal durch lineare Interpolation im raumfesten kartesischen Koordinatensystem, zum anderen durch Linearinterpolation in den Achskoordi-

punktabstand von 280 mm aus <u>Bild 6.17</u> ein kinematischer Fehler von $F_{kin} \approx 5$ mm, abgelesen werden.

Mit der Implementierung der Verfahren beim Aufbau einer Robo-ter-CNC konnte der Funktionsnachweis erbracht werden. Aus den in diesem Abschnitt dargestellten Beispielen wird deutlich, daß die erarbeiteten Algorithmen sowohl die zeitlichen als auch die Genauigkeitsanforderungen erfüllen.

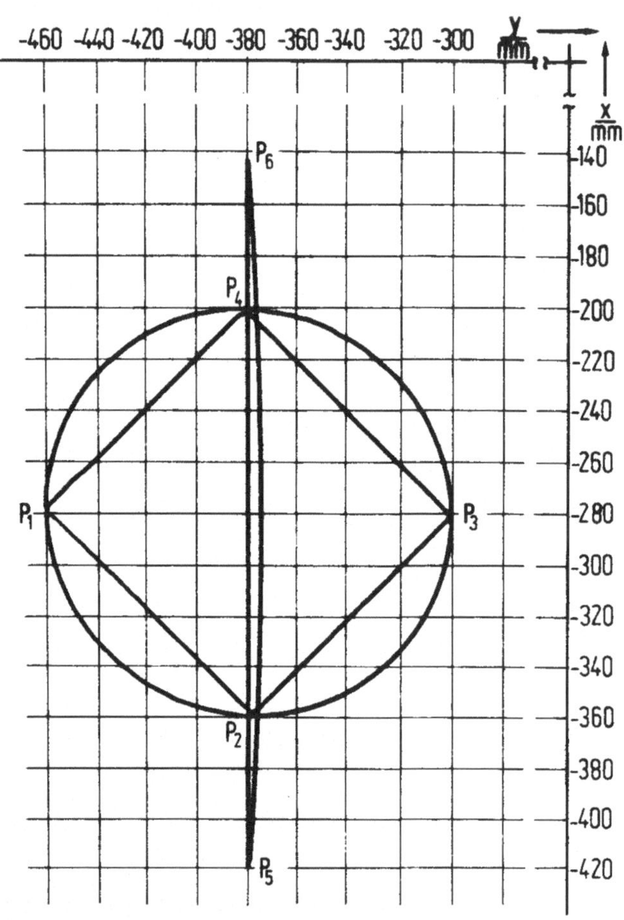

<u>Bild 6.17</u> : Darstellung des Bewegungsablaufs in einem raum-festen kartesischen Koordinatensystem.

7 Zusammenfassung und Ausblick

Zur Steuerung von Industrierobotern in der Fertigungstechnik
reicht die Steuerungsart von der einfachen Punktsteuerung mit
Nockenleiste und Potentiometer bis zur numerischen Bahnsteuerung. Bahnsteuerungen werden vor allem dann eingesetzt, wenn
Roboter zu Bearbeitungsaufgaben herangezogen werden. Zur Führung eines Werkzeugs bzw. eines Greifers auf einer gewünschten
Bahn werden an die Führungsgrößenerzeugung besondere Anforderungen gestellt. Ziel der Arbeit ist es, Unterschiede zur
Führungsgrößenerzeugung in konventionellen Werkzeugmaschinensteuerungen und deren Nachteile aufzuzeigen und Lösungsverfahren darzustellen.

Die Führungsgrößenerzeugung für Industrieroboter wird aufge-
spalten in einen aufgabenorientierten Teil, in dem zunächst
die Bewegungsbahn beschrieben wird, und in einen geräteorientierten Teil, der die Anpassung an die verschiedenen Roboter-
konfigurationen verwirklicht. Dadurch wird eine Modularität
der Steuerungssoftware erreicht, wodurch die Obertragung auf
Handhabungssysteme mit unterschiedlichem Achsaufbau wesent-
lich erleichtert wird.

Die Erzeugung von Bewegungsbahnen erfolgt über die Interpolation in einem raumfesten bzw. werkstückbezogenen Koordinatensystem. Dabei reichen für viele Einsatzfälle Interpolationsverfahren, wie sie bei Werkzeugmaschinensteuerungen angewandt
werden, nicht aus. Vielmehr muß hier die Orientierung des
Werkzeugs bzw. des Greifers mitverarbeitet werden.

Bei bestimmten Anwendungsbereichen genügen für die Interpolation triviale Funktionen wie Kreis und Gerade. Diese Interpolationsfunktionen lassen sich bereits in einfachen und somit
preisgünstigen Steuerungsprozessoren realisieren. Komplexe
Bahnen können durch Verkettung von Kreis- und Geradenstücken
approximiert werden. Dazu wird in dieser Arbeit ein Verfahren
vorgestellt, das bei Vorgabe einer Bahntoleranz aus einer Fol-

ge von Stützpunkten die minimale Stützpunktzahl und die Interpolationsart durch die Steuerung ausgibt.

Zur Generierung von stetigen Bewegungsbahnen ohne Knicke und Absätze wird ein Interpolationsverfahren hergeleitet, das auf der Berechnung von Splinefunktionen aufbaut. Bei diesem Verfahren zur Splineinterpolation sind die Randbedingungen der numerischen Steuerung mit integriertem Prozeßrechner, nämlich Rechenzeit und Speicherplatz berücksichtigt.

Die Anpassung der Führungsgrößenerzeugung an die Achskonfiguration des Industrieroboters wird über eine Koordinatentransformation durchgeführt. Damit werden aus den raumfesten bzw. werkstückbezogenen Ortskoordinaten des Werkzeugeingriffspunktes und der Werkzeugorientierung die Lagesollwerte für die Lageregelkreise des Roboters berechnet. Da an die Koordinatentransformation hohe zeitliche Anforderungen gestellt sind, muß versucht werden, die Transformationsgleichungen geschlossen zu lösen. Deshalb müssen die mathematischen Randbedingungen bei der Konstruktion von Industrierobotern berücksichtigt werden.

Gelingt die geschlossene Lösung der Transformationsgleichungen nicht, so ist man auf iterative Verfahren zur Lösung nichtlinearer Gleichungssysteme angewiesen. In der vorliegenden Arbeit werden verschiedene numerische Berechnungsverfahren untersucht.

Zur Reduzierung der Taktzeit wird zum einen eine Hardwarelösung vorgestellt, bei der zeitkritische Aufgaben auf mehrere Prozessoren verteilt werden, zum anderen wird durch einen softwaremäßige Aufgabenteilung bei entsprechender Organisation der Ablaufsteuerung eine Lösung erzielt. Welches Konzept am günstigsten ist, hängt von der Leistungsfähigkeit der einzelnen Baugruppen ab und ist von Fall zu Fall zu prüfen.

Ziel weiterer Untersuchungen sollte sein, Regelkonzepte für Industrieroboter zu entwickeln, bei der die Istbahn des Werk-

zeugs bzw. des Greifers der vorgegebenen Führungsgröße mit
möglichst geringer Bahnabweichung folgt.

In weiteren grundlegenden Arbeiten sollte ein Pflichtenheft
erstellt werden, das dem Konstrukteur von HHS als Hilfsmittel
zur Erarbeitung "transformationsgerechter" Konstruktionslö-
sungen dient.

<u>Schrifttum</u>

/1/ Warnecke, H.J.   Industrieroboter. Buchreihe "Produk-
                       tionstechnik heute". Band 4.
                       Mainz: Krausskopf 1973.

/2/ Erne, H.   Taktile Sensorführung für Handhabungs-
                       einrichtungen.
                       Berlin, Heidelberg, New York: Springer
                       1982.

/3/ Hesselbach, J.   Digitale Lageregelung an numerisch ge-
                       steuerten Fertigungseinrichtungen.
                       Berlin, Heidelberg, New York: Springer
                       1981.

/4/ Binder, D.   Interpolation in numerischen Bahnsteue-
                       rungen.
                       Berlin, Heidelberg, New York: Springer
                       1979.

/5/ Eisinger, J.   Numerisch gesteuerte Mehrachsenfräsma-
                       schinen.
                       Berlin, Heidelberg, New York: Springer
                       1972.

/6/ Keppeler, M.   Führungsgrößenerzeugung für Handha-
                       bungssysteme zur Reduzierung des kine-
                       matischen Fehlers.
                       HGF-Kurzberichte (Lose-Blatt-Sammlung),
                       Blatt 80/6. Essen: Girardet 1980.

/7/ Henning, H.   Fünfachsiges NC-Fräsen gekrümmter Flä-
                       chen.
                       Berlin, Heidelberg, New York: Springer
                       1976.

/8/ Herold, H.H.   Die numerische Steuerung in der Ferti-
     Maßberg, W.   gungstechnik.
     Stute, G.   Düsseldorf: VDI-Verlag 1971.

/9/ Stute, G.   Steuerungstechnik der Werkzeugmaschinen.
                       Manuskript zur Vorlesung 1977.

/10/ Schmid, D.   Interpolation bei numerischen Bahn-
                              steuerungen.
                              Steuerungstechnik 2 (1969) Nr.9,
                              S.342...349.

/11/ Stute, G.   Führungsgrößenerzeugung für Handha-
     Keppeler, M.   bungssysteme.
                              wt-Z. ind. Fertigung 17 (1981) Nr.3,
                              S.147...151.

/12/ Keppeler, M.   Interpolationsverfahren für Industrie-
     Ruoff, W.   roboter.
                              HGF-Kurzberichte (Lose-Blatt-Sammlung),
                              Blatt 82/88. Essen: Girardet 1982.

/13/ DIN 66025   Programmaufbau für numerisch gesteuerte
                              Arbeitsmaschinen.
                              Blatt 1...4 (1972).

/14/ Duelen,G.   Anwendung von Koordinatentransformatio-
     Sinning,H.   nen bei bahngesteuerten Handhabungsge-
                              räten.
                              ZwF 74 (1979) Nr. 3, S. 108...111.

/15/ Bronstein, I.   Taschenbuch der Mathematik.
     Semendjajew, K.   Frankfurt, Zürich: Harri Deutsch 1972.

/16/ Späth, H.   Spline-Algorithmen zur Konstruktion
                              glatter Kurven und Flächen.
                              München, Wien: Oldenbourg-Verlag 1973.

/17/ Jordan-Engeln, G.   Numerische Mathematik für Ingenieure.
     Reutter, F.   Mannheim, Wien, Zürich: Bibliographi-
                              sches Institut 1978.

/18/ Walter, W.   Fräserwegberechnung für fünfachsiges
                              Stirnfräsen gekrümmter Flächen.
                              HGF-Kurzberichte (Lose-Blatt-Sammlung),
                              Blatt 79/40. Essen: Girardet 1979.

/19/ Gruhler, G.   Automatische Datenreduktion und Auswahl
     Keppeler, M.   der Interpolationsart bei Roboter-Bewe-
                              gungsprogrammen.
                              HGF-Kurzberichte (Lose-Blatt-Sammlung),
                              Blatt 84/1. Essen: Girardet 1984.

- 124 -

/20/ Stof, P.   Untersuchungen über die Reduzierung dynamischer Bahnabweichungen bei numerisch gesteuerten Werkzeugmaschinen. Berlin, Heidelberg, New York: Springer 1978.

/21/ Stute, G. Hrsg.   Regelung an Werkzeugmaschinen. München, Wien: Hanser 1981.

/22/ Osofisan, P.B.   Verbesserung des Datenflusses beim fünfachsigen NC-Fräsen. Berlin, Heidelberg, New York: Springer 1979.

/23/ Kogbetliantz,E.G. Computation of Arctan N for $-\infty < N < +\infty$ Using an Electronic Computer. IBM J. Research and Development, Vol.2 No.1, Jan.1958, S.43...53.

/24/ Kogbetliantz,E.G. Computation of Arcsin N for $0 < N < 1$ Using an Electronic Computer. IBM J. Research and Development, Vol.2 No.3, Juli 1958, S.218...222.

/25/ Ortega, J.M.
     Rheinboldt, W.C.   Iterative Solution of Nonlinear Equations in Several Variables. New York, San Francisco, London: Academic Press 1970.

/26/ Björck, A.
     Dahlquist, G.   Numerische Methoden. München, Wien: Oldenbourg-Verlag 1972

/27/ Traub, J.   Iterative Methods for the Solution of Equations. Englewood Cliffs/New Jersey: Prentice-Hall 1964.

/28/ Spur, G.
     Auer, B.H.
     Sinning, H.   Industrieroboter. München, Wien: Hanser 1979.

/29/ Zühlke, D.   Offline-Programmierung numerisch gesteuerter Industrieroboter. Düsseldorf: VDI-Verlag 1983.

/30/   ROBEX-Sprachbeschreibung. Selbstverlag WZL/RWTH Aachen 1980.

/31/ VAL   User's Guide to VAL.
                            Unimation Inc., Danbury, Conn. 1978.
/32/ Stute, G.   Neue Entwicklungen in der Steuerungs-
     Erne, H.   technik für Handhabungssysteme.
                            wt.-Z. ind. Fertigung 70 (1980) Nr.8,
                            S.505...509.
/33/ Stute, G.   Special Problems in Postprocessing of
     Damsohn, H.   Multiaxes Milling Machines. Computer
                            Languages for Numerical Control.
                            Amsterdam: North Holland Publishing
                            Company 1973, S.737...749.
/34/ Auer,B.H.   Beitrag zur Steigerung der Flexibilität
                            von Handhabungseinrichtungen im Bereich
                            der Einzel- und Kleinserienfertigung.
                            München,Wien: Hanser 1977.
/35/ RCM2   Robot Control M, Produktbeschreibung.
                            Siemens Aktiengesellschaft, Erlangen
                            1983.
/36/ Sinning,H.   Steuerung und Regelung der Bewegungs-
                            achsen von Handhabungsgeräten.
                            München,Wien: Hanser 1980.

Berichte aus dem Institut für Steuerungstechnik der Werkzeugmaschinen und Fertigungseinrichtungen der Universität Stuttgart

Herausgegeben von Prof. Dr.-Ing. G. Stute †

Erschienen:

ISW 1 bis ISW 31 vergriffen

ISW 1: D. Schmid, Numerische Bahnsteuerung, 89 S., 1972

ISW 2: H. Schwegler, Fräsbearbeitung gekrümmter Flächen, 111 S., 1972

ISW 3: J. Eisinger, Numerisch gesteuerte Mehrachsenfräsmaschinen, 90 S., 1972

ISW 4: R. Nann, Rechnersteuerung von Fertigungseinrichtungen, 125 S., 1972

ISW 5: G. Augsten, Zweiachsige Nachformeinrichtungen, 140 S., 1972

ISW 6: B. Karl, Die Automatisierung der Fertigungsvorbereitung durch NC-Programmierung, 121 S., 1972

ISW 7: H. Eitel, NC-Programmiersystem, 117 S., 1973

ISW 8: E. Knorr, Numerische Bahnsteuerung zur Erzeugung von Raumkurven auf rotationssymmetrischen Körpern, 131 S., 1973

ISW 9: S. Bumiller, Viskohydraulischer Vorschubantrieb, 123 S., 1974

ISW 10: K. Maier, Grenzregelung an Werkzeugmaschinen, 139 S.; 1974

ISW 11: J. Waelkens, NC-Programmierung, 159 S., 1974

ISW 12: E. Bauer, Rechnerdirektsteuerung von Fertigungseinrichtungen, 138 S., 1975

IWS 13: H. König, Entwurf und Strukturtheorie von Steuerungen für Fertigungseinrichtungen, 206 S., 1976

ISW 14: H. Damsohn, Fünfachsiges NC-Fräsen, 143 S., 1976

ISW 15: H. Jetter, Programmierbare Steuerungen, 141 S., 1976

ISW 16: H. Henning, Fünfachsiges NC-Fräsen gekrümmter Flächen, 179 S., 1976

ISW 17: K. Boelke, Analyse und Beurteilung von Lagesteuerungen für numerisch gesteuerte Werkzeugmaschinen, 106 S., 1977

ISW 18: F.-R. Götz, Regelsystem mit Modellrückkopplung für variable Streckenverstärkung, 116 S., 1977

ISW 19: H. Tränkle, Auswirkungen der Fehler in den Positionen der Maschinenachsen beim fünfachsigen Fräsen, 103 S., 1977

ISW 20: P. Stof, Untersuchungen über die Reduzierung dynamischer Bahnabweichungen bei numerisch gesteuerten Werkzeugmaschinen, 118 S., 1978

ISW 21: R. Wilhelm, Planung und Auslegung des Materialflusses flexibler Fertigungssysteme, 158 S., 1978

ISW 22: N. Kappen, Entwicklung und Einsatz einer direkten digitalen Grenzregelung für eine Fräsmaschine mit CNC, 123 S., 1979

ISW 23: H. G. Klug, Integration automatisierter technischer Betriebsbereiche, 124 S., 1978

ISW 24: D. Binder, Interpolation in numerischen Bahnsteuerungen, 132 S., 1979

ISW 25: O. Klingler, Steuerung spanender Werkzeugmaschinen mit Hilfe von Grenzregeleinrichtungen (ACC), 124 S., 1979

ISW 26: L. Schenke, Auslegung einer technologisch-geometrischen Grenzregelung für die Fräsbearbeitung, 113 S., 1979

ISW 27: H. Wörn, Numerische Steuersysteme - Aufbau und Schnittstellen eines Mehrprozessorsteuersystems, 141 S., 1979

ISW 28: P. B. Osofisan, Verbesserung des Datenflusses beim fünfachsigen NC-Fräsen, 104 S., 1979

ISW 29: J. Berner, Verknüpfung fertigungstechnischer NC-Programmiersysteme, 101 S., 1979

ISW 30: K.-H. Böbel, Rechnerunterstütze Auslegung von Vorschubantrieben, 113 S., 1979

ISW 31: W. Dreher, NC-gerechte Beschreibung von Werkstücken in fertigungstechnisch orientierten Programmsystemen, 105 S., 1980

ISW 32: R. Schurr, Rechnerunterstützte Projektierung hydrostatischer Anlagen, 115 S., 19

ISW 33: W. Sielaff, Fünfachsiges NC-Umfangsfräsen verwundener Regelflächen. Beitrag zur Technologie und Teileprogrammierung, 97 S., 1981

ISW 34: J. Hesselbach, Digitale Lageregelung an numerisch gesteuerten Fertigungseinrichtungen, 111 S., 1981

ISW 35: P. Fischer, Rechnerunterstützte Erstellung von Schaltplänen am Beispiel der automatischen Hydraulikplanzeichnung, 111 S., 1981

ISW 36: U. Ackermann, Rechnerunterstützte Auswahl elektrischer Antriebe für spanende Werkzeugmaschinen, 118 S., 1981

ISW 37: W. Döttling, Flexible Fertigungssysteme – Steuerung und Überwachung des Fertigungsablaufs, 105 S., 1981

ISW 38: J. Firnau, Flexible Fertigungssysteme – Entwicklung und Erprobung eines zentralen Steuersystems, 112 S., 1982

ISW 39: A. Herrscher, Flexible Fertigungssysteme – Entwurf und Realisierung prozeßnaher Steuerungsfunktionen, 103 S., 1982

ISW 40: U. Spieth, Numerische Steuersysteme – Hardwareaufbau und Ablaufsteuerung eines Mehrprozessorsteuersystems, 115 S., 1982.

ISW 41: A. Schimmele, Rechnerunterstützter Entwurf von Funktionssteuerungen für Fertigungseinrichtungen, 106 S., 1982

ISW 42: M. Sanzenbacher, NC-gerechte Beschreibung von Werkstücken mit gekrümmte Flächen, 105 S., 1982.

ISW 43: W. Walter, Interaktive NC-Programmierung von Werkstücken mit gekrümmten Flächen, 112 S., 1982.

ISW 44: J. Huan, Bahnregelung zur Bahnerzeugung an numerisch gesteuerten Werkzeugmaschinen, 95 S., 1982.

ISW 45: H. Erne, Taktile Sensorführung für Handhabungseinrichtungen – Systematik und Auslegung der Steuerungen, 111 S., 1982.

ISW 46: D. Plasch, Numerische Steuersysteme – Standardisierte Softwareschnittstellen Mehrprozessor-Steuersystemen, 112 S., 1983

ISW 47: Z. L. Wang, NC-Programmierung – Maschinennaher Einsatz von fertigungstechnisch orientierten Programmiersystemen, 103 S., 1983

ISW 48: J. Schwager, Diagnose steuerungsexterner Fehler an Fertigungseinrichtungen, 121 S., 1983

ISW 49: P. Klemm, Strukturierung von flexiblen Bediensystemen für numerische Steuerungen, 113 S., 1984

ISW 50: W. Runge, Simulation des dynamischen Verhaltens elektrohydraulischer Schaltungen – Einsatz von geräteorientierten, universellen Simulationsbausteinen, 132 S., 1984

ISW 51: H. Steinhilber, Planung und Realisierung von Werkzeugversorgungssysteme für die NC-Bearbeitung, 126 S., 1984

ISW 52: R. Ohnheiser, Integrierte Erstellung numerischer Steuerdaten für flexible Fertigungssysteme, 115 S., 1984

ISW 53: M. Keppeler, Führungsgrößenerzeugung für numerisch bahngesteuerte Industrieroboter, 125 S., 1984

Springer-Verlag
Berlin · Heidelberg · New York · Tokyo